每天20分钟的亲子游戏

董 颖 主编

吉林科学技术出版社

图书在版编目（C I P）数据

每天20分钟的亲子游戏 / 董颖主编. -- 长春 : 吉林科学技术出版社, 2014.8
ISBN 978-7-5384-8068-9

Ⅰ. ①每… Ⅱ. ①董… Ⅲ. ①婴幼儿一哺育 Ⅳ. ①TS976.31

中国版本图书馆CIP数据核字(2014)第195135号

每天20分钟的亲子游戏

Meitian 20 Fenzhong De Qinzi Youxi

主　　编　董　颖
出 版 人　李　梁
责任编辑　端金香　陈丽娜
封面设计　长春市一行平面设计有限公司
制　　版　长春市一行平面设计有限公司
开　　本　889mm×1194mm　1/20
字　　数　170千字
印　　张　8.5
印　　数　1—6500册
版　　次　2016年7月第1版
印　　次　2016年7月第1次印刷

出　　版　吉林科学技术出版社
发　　行　吉林科学技术出版社
地　　址　长春市人民大街4646号
邮　　编　130021
发行部电话/传真　0431-85635177　85651759　85651628
85652585　85635176
储运部电话　0431-86059116
编辑部电话　0431-85635186
网　　址　www.jlstp.net
印　　刷　长春百花彩印有限公司

书　　号　ISBN 978-7-5384-8068-9
定　　价　35.00元

前言

当宝宝刚刚出院回家后，父母们的脑海里多半都是些很实际的养育问题：怎样照顾宝宝才能让他吃饱穿暖？尿片和衣服该放在哪儿……在照顾宝宝方面，作为家长的你需要全身心地投入。但是，当宝宝的基本需求得到满足后，宝宝需要有更高级的需求——那就是与照顾他的人之间进行温馨而有趣的互动。

对宝宝而言，在婴幼儿时期与家长之间的互动对他的一生都很重要。这其中，0～3岁又尤为关键，因为他在这几年的收获是最大的。研究表明，人类大脑50%的发育是在半岁前完成的，70%是在3岁前完成的。虽然儿童的大脑发育情况会受到遗传因素的影响，但他们日后的智力、情感和身体发育水平在很大程度上都取决于其幼年时期受到的刺激的数量和程度。

很多研究显示，儿童的自尊心以及与他人建立亲密情感关系的能力在很大程度上都取决于他们和父母之间的关系。亲密而充满爱意的游戏可以大大增进这种亲子关系。事实也的确如此，对那些还没有上学、不会读书的小婴儿来说，游戏就是他们学习的主要途径。

这本书能助你一臂之力！它汇集了101个好玩又实用的亲子游戏，这些游戏形式丰富多样，既能促进孩子的身心健康，又能加强亲子间交流，并培养孩子的自信心、想象力、创造力、社交能力、平衡感、手指灵活度、逻辑思维能力、选择与判断能力、语言表达能力……

要知道，刚出生的宝宝并不知道我们生活的这个世界到底有多么美好，这需要我们为他展示！

第一章

0～3岁宝宝的成长发育档案

第二章

适合0～1岁宝宝的亲子游戏

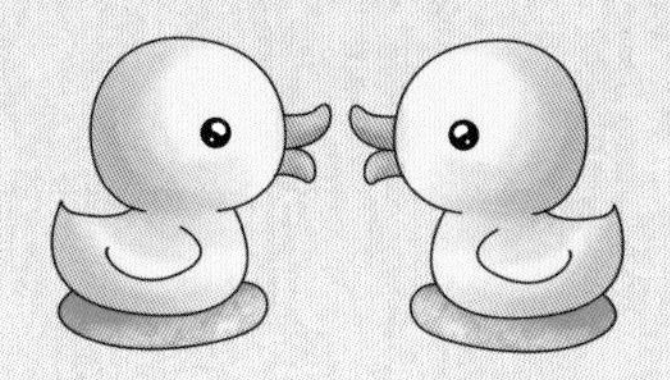

第三章

适合1～2岁宝宝的亲子游戏

第四章

适合2～3岁宝宝的亲子游戏

动作发展游戏

数学智能游戏

语言发展游戏

音乐智能游戏

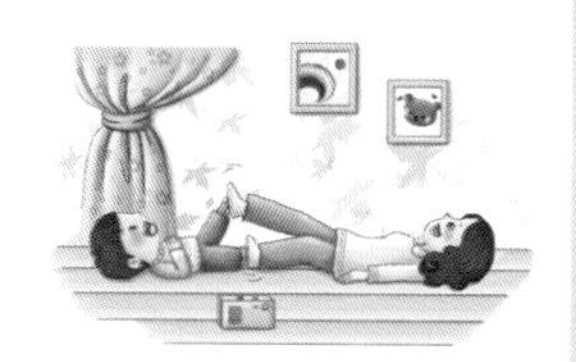

人际交往游戏

第一章

0～3岁宝宝的成长发育档案

0～3个月 宝宝的能力档案

语言、认知发育规律

1个月的宝宝	刚出生的新生儿能注视人脸、色彩鲜艳的物体和图画，听到大人的说话声能表现出愉快或张嘴学说话
2个月的宝宝	视觉集中更频繁，喜欢看活动的物体和人脸，视觉距离加大。能安静地听轻快柔和的音乐
3个月的宝宝	能发出a、o或u的音节。能集中看距离较远的带有声音、色彩鲜艳和活动的物体，能转移视线。3个月的宝宝竖抱时听到说话声或玩具声能转头寻找声源

生活能力、交往能力和情绪发展

1个月的宝宝	会用哭声表示生理需要，如饥饿、尿湿、疼痛、不适等
2个月的宝宝	常常因缺乏爱抚（身体接触）和交往而啼哭
3个月的宝宝	看见人脸会笑

运动能力发展规律

1个月	经常握拳，偶尔放进口内吸吮。俯卧位时，有短暂抬头动作，将宝宝靠肩抱时，他会竖立数秒
2个月	经常细看自己的手或送入口中吸吮，双手握拳，无意识地抓握住玩具并放进口内。俯卧位时抬头45°角，竖抱时头能竖立片刻
3个月	双手握拳，有时松开，可握较大的球状物，手会无意识地拍打物体

早教重点

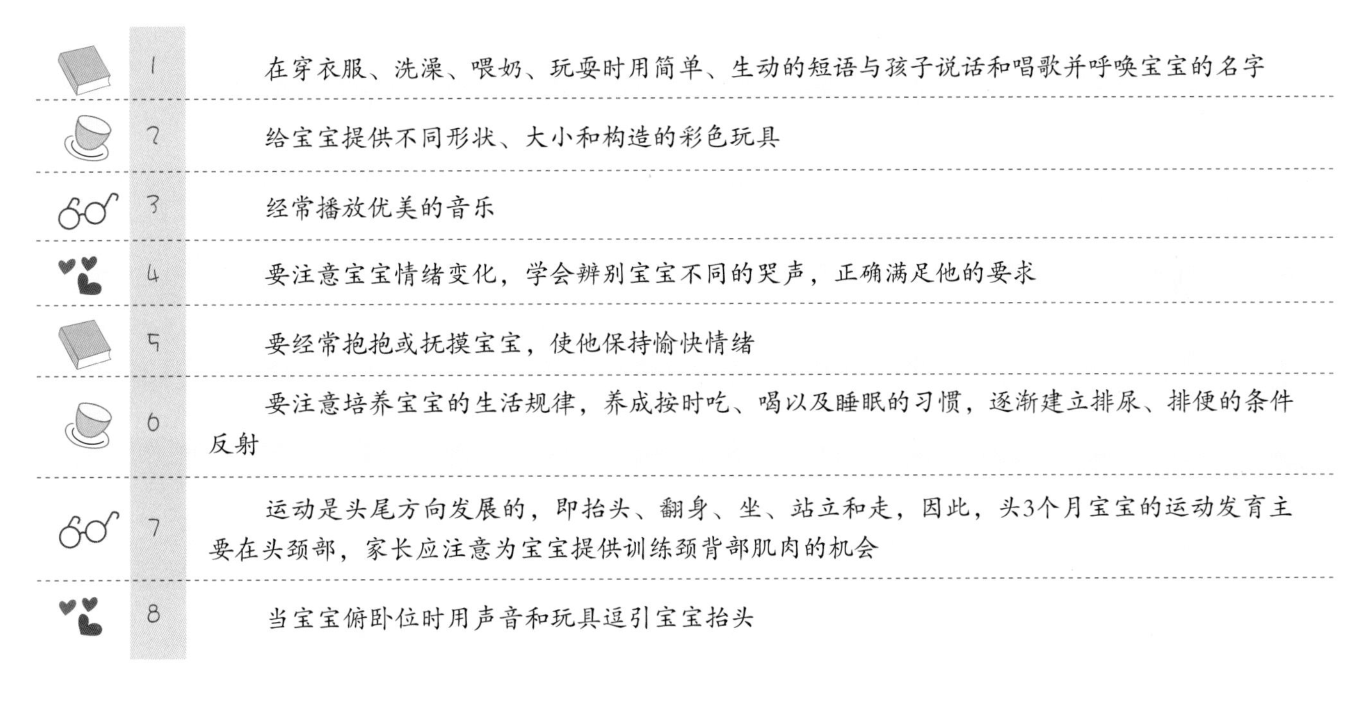

1. 在穿衣服、洗澡、喂奶、玩耍时用简单、生动的短语与孩子说话和唱歌并呼唤宝宝的名字
2. 给宝宝提供不同形状、大小和构造的彩色玩具
3. 经常播放优美的音乐
4. 要注意宝宝情绪变化，学会辨别宝宝不同的哭声，正确满足他的要求
5. 要经常抱抱或抚摸宝宝，使他保持愉快情绪
6. 要注意培养宝宝的生活规律，养成按时吃、喝以及睡眠的习惯，逐渐建立排尿、排便的条件反射
7. 运动是头尾方向发展的，即抬头、翻身、坐、站立和走，因此，头3个月宝宝的运动发育主要在头颈部，家长应注意为宝宝提供训练颈背部肌肉的机会
8. 当宝宝俯卧位时用声音和玩具逗引宝宝抬头

异常信号

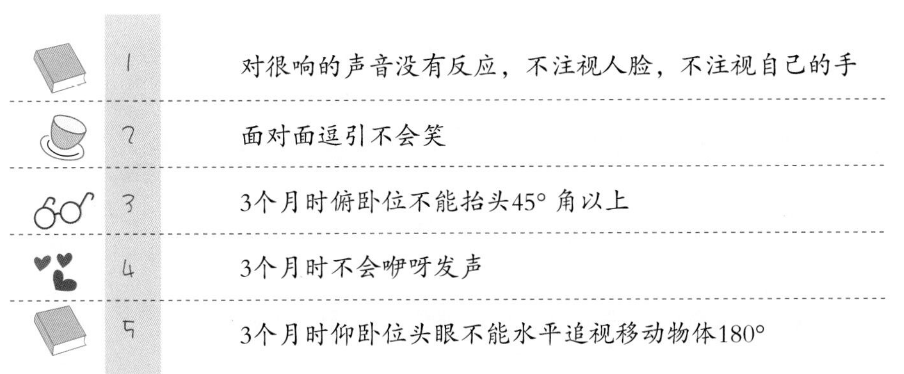

1. 对很响的声音没有反应，不注视人脸，不注视自己的手
2. 面对面逗引不会笑
3. 3个月时俯卧位不能抬头45°角以上
4. 3个月时不会咿呀发声
5. 3个月时仰卧位头眼不能水平追视移动物体180°

4～6个月 宝宝的能力档案

语言、认知发育规律

1 宝宝视力和成人相似，能注视远距离的物体

2 宝宝逐渐能分辨不同人的声音

3 6个月能区别简单音调和声音，听见自己的名字会回头。发音增多，开始发辅音如p、b、m等，有时发ma-ma，pa-pa音，常被误认为在叫爸爸、妈妈，实际上是无意识的发音

生活能力、交往能力和情绪发展

1 喜欢与人逗乐，从4个月开始，宝宝会笑出声

2 当亲人离开、拿不到想要的东西时，会出现有意识的哭泣

3 5～6个月开始“认生”，看见陌生人会特别注视，对妈妈开始产生依恋

4 5～6个月时开始对镜中的自己笑

运动能力发展规律

1 从4个月开始翻身，当你用带响声的玩具逗引时，宝宝能从仰卧位翻到俯卧位

2 5个月宝宝能背靠着坐片刻，独坐时身体前倾，双手在前面支撑

3 4个月宝宝看见物体会伸手抓，但是常抓不准。5个月时会用一只手抓物，以后发展为两只手抓物，6个月开始会把玩玩具

4 5～6个月宝宝扶站时双腿会跳跃。俯卧位时，腹部着地在床上打转

早教重点

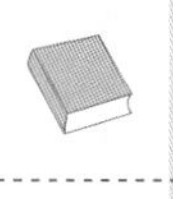

1 创造丰富的语言环境，在日常生活中，随时告知宝宝不同颜色的衣着和玩具；在宝宝视线外，呼唤宝宝的名字，促使他转头寻找

2 对其偶尔发出的声音进行重复肯定。如发ma-ma音时，抱抱和亲亲宝宝表示鼓励。不厌其烦地重复词语和实物，使宝宝理解词语的意思。如一说灯时，宝宝会马上去找灯，这就是建立了语言信号反应

3 给宝宝创造一个新奇而安全的环境，使其可以自由地探索

4 多为宝宝创造运动条件，如：协助翻身、学坐和扶着跳跃等

5 练习手部精细动作，提供抓握、拿取、触摸的机会

异常信号

1 身体僵硬，肌肉发紧，双腿站立呈剪刀样

2 坐位时头后仰

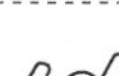

3 4个月时不会转头向声源

4 5个月时不会翻身

5 6个月时不会大笑；不会主动拿物体；对照顾他的人，漠不关心；不会将物品送进口中

适宜的游戏

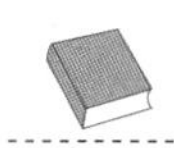

1 抓握能力训练

2 拉坐、翻身、靠坐等训练

3 给宝宝放音乐或儿歌等

4 追视滚球、注视小物等训练

5 抓握吊挂玩具、洗澡刺激、荡浴巾秋千等训练

6 叫名字、照镜子等游戏

7 唱歌、跳舞、变戏法等训练

7～9个月 宝宝的能力档案

语言、认知发育规律

1	感觉越来越敏锐，注意范围扩大，对新鲜事物充满好奇心
2	能常常无意识地发出一连串重复连续的音节，如“打打”“妈妈”“爸爸”等
3	可以将一定的声音与具体事物联系起来，当听到物体名称时，能用手指物体，甚至爬向物体
4	懂得“不”的含义
5	有一定的记忆能力，有初步模仿能力
6	能集中精力听一两句有关图片的故事
7	以不同方式探索物体（摇动、打击、扔或摔下）

生活能力、交往能力和情绪发展

1	能注意周围人的表情，对成人的不同态度、脸色和声音，做出不同的反应
2	逐步产生自我意识，当妈妈离开时就会哭闹，产生分离焦虑的情绪
3	渴望与别人交流

运动能力发展规律

1	手眼已相当协调，喜欢玩拍手游戏，能做抓、拿、放、捏、拍、打等动作
2	扶着成人的双手站立或扶物站立
3	坐得很稳，会爬，会用上肢和腹部匍匐爬

早教重点

1. 应让宝宝多接触周围事物（包括大自然），增加认知机会
2. 在家中宝宝活动的范围内张贴2～3张醒目的画片，经常变换色彩和形状
3. 多做能够激发宝宝发音的事情：和宝宝说话，跟他做游戏，同时对宝宝的发音表现给予积极的反应
4. 每天给宝宝阅读书籍
5. 玩藏猫猫游戏，刺激宝宝的记忆力
6. 多让宝宝参与力所能及的生活活动（如学习自己吃饼干，自己用杯子喝水等），以促进宝宝独立能力的发展
7. 从宝宝学会爬动，他就具备了对各种刺激产生听和模仿的能力
8. 鼓励宝宝玩积木或柔软玩具，促进宝宝手眼协调
9. 从松开双拳向主动抓握过渡

异常信号

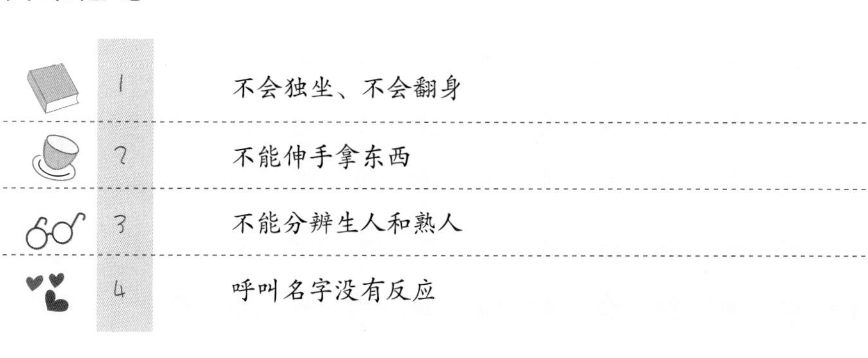

1. 不会独坐、不会翻身
2. 不能伸手拿东西
3. 不能分辨生人和熟人
4. 呼叫名字没有反应

10～12个月 宝宝的能力档案

语言、认知发育规律

1	感觉越来越敏锐，对探索周围事物有极大兴趣
2	能专心注视某一物体，仔细观察所见的人、动物
3	有的宝宝能有意识地叫爸爸、妈妈，能听懂较多的话，会指认室内很多物体，指认一些身体部位
4	能按大人的简单语言命令行事，会听大人的话拿东西，会模仿大人的动作和声音
5	用手势表示需要，能竖起示指表示“1”
6	能随音乐节奏做动作

生活能力、交往能力和情绪发展

1	自我意识萌芽，有以自我为中心的表现，要求得到大人更多的注意
2	能注意周围人的表情，能听懂不同音调所表达的意义并做出不同反应。得到表扬时表示高兴，被批评时，表示不愉快
3	会用小勺自己舀碗内的饭，会双手捧杯子喝水，能坐盆大小便
4	10个月以后喜欢自己活动，会用面部表情、手势和简单的语言与大人交往
5	能熟练用摆手表示“再见”，拍手表示“欢迎”。穿衣和脱衣时会主动配合，会把帽子放在头顶上
6	面对陌生人时会感到害羞或焦虑，当父母离开时会哭泣

运动能力发展规律

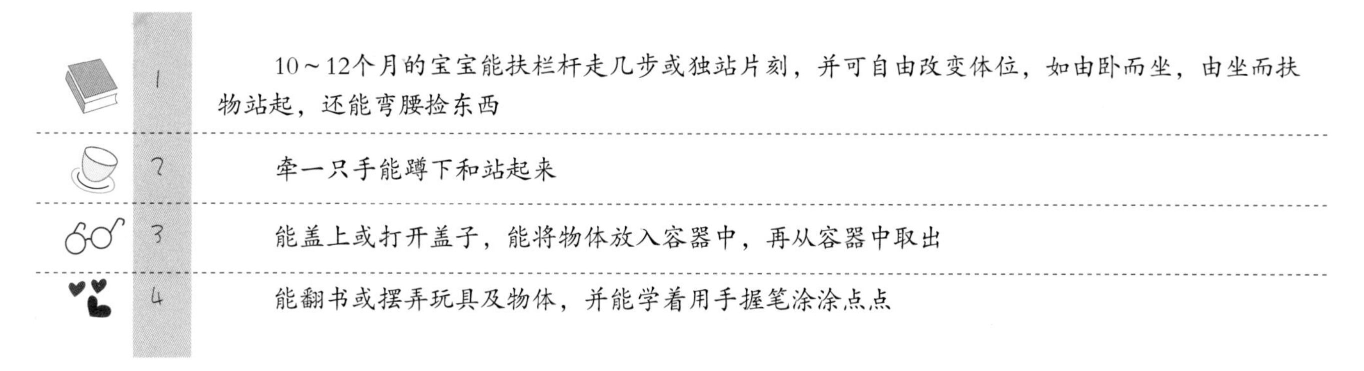

1. 10～12个月的宝宝能扶栏杆走几步或独站片刻，并可自由改变体位，如由卧而坐，由坐而扶物站起，还能弯腰捡东西
2. 牵一只手能蹲下和站起来
3. 能盖上或打开盖子，能将物体放入容器中，再从容器中取出
4. 能翻书或摆弄玩具及物体，并能学着用手握笔涂涂点点

早教重点

1. 教宝宝熟悉家中和他关系较密切的物品、人和事物的名称，包括食品、服装、生活用品、玩具；学会表示动作和行为的动词，如吃、抱、走、哭、喝和拍等
2. 应开始培养良好行为
3. 经常用图片给宝宝讲述简单有趣的故事，让宝宝听优美的音乐
4. 利用日常生活中的一切机会，发展宝宝听音和辨音的能力，使他能够正确模仿
5. 家长要特别注意训练宝宝坐便盆的习惯
6. 培养宝宝良好的饮食习惯、睡眠习惯是这一时期非常重要的内容
7. 用滚动玩具诱导孩子独立行走，同时要训练宝宝熟练地变换体位

12～24个月 宝宝的能力档案

语言、认知发育规律

1　如果宝宝在周岁还不会走路，那么1岁半以前应该学会

2　宝宝会从站立位蹲下捡玩具，然后站起来拿着玩具再走，能推拉玩具车横着走或侧着走，边走还能边扔球

3　开始学跑时，会以碎步方式，僵直地向前跑，并能绕开障碍物跑

4　在大人的帮助下，可以上下楼梯

生活能力、交往能力和情绪发展

1　1岁半时宝宝最爱玩的游戏是积木

2　2岁的宝宝会模仿画圆和直线；会翻书；会将手中的物品朝某个目标扔去；扭动门的把手将门打开；会折叠纸

运动能力发展规律

1　会把实物象征符号和实物本身联系在一起

2　宝宝可以玩过家家游戏。自己模仿做妈妈去爱护娃娃，用空杯给娃娃喝水等。将物品和用途联系起来

生活能力、交往能力和情绪发展

1

1岁以后能听懂一些词句，言语活动的训练能锻炼宝宝的专注力，如集中听故事、看图书、听歌曲等，选择内容要难度适当、富于变化，不要太单调。要防止无关刺激的干扰，如看图书时，不要播放电视

2

可根据不同年龄的注意力持续时间，掌握看图书听故事的时间：1岁9个月，注意持续时间8～10分钟，2岁达10～22分钟。此时的宝宝通过观察和注意，能识别事物的相同和不同，以及理解简单的因果关系

语言发育

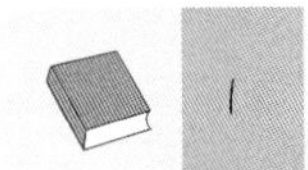

1 宝宝已经能和大人对话了：他们起初只能说几个词，到后来能成功地掌握100多个词

2 此时的宝宝能够理解和执行大人的简单指令，即使那些不善于说话的宝宝，也能理解家长说的话，并用手势和动作表示需要

社会适应和情感发展

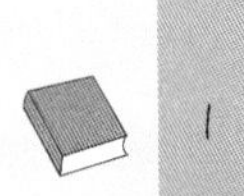

1 让宝宝积极参与你的活动，教会孩子更多生活能力：快到2岁时，通过模仿可教他洗手、刷牙

2 这个年龄的宝宝开始学会自私：他的玩具不让别人拿，还会和别人争抢玩具。要事先告诉他，把玩具给别的小朋友玩一会儿，玩具还是你的，他不会拿走，如果他这样做了，就要表扬他，经常表扬，宝宝感到自豪，并养成和他人友好相处的习惯

异常信号

1 18个月不会走

2 学会走路后几个月只能用足尖走

3 18个月不能讲5个词

4 2岁不能使用2个句子

5 18个月不会模仿动作或发音

适宜的游戏

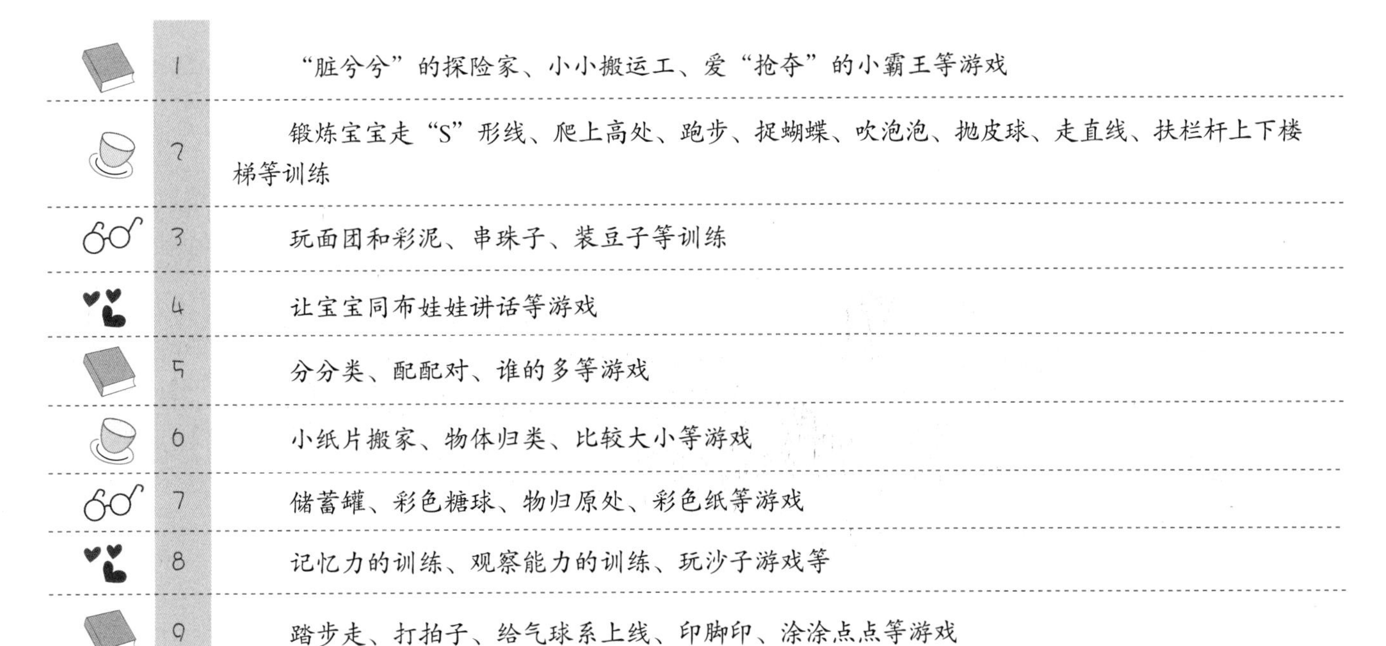

1	“脏兮兮”的探险家、小小搬运工、爱“抢夺”的小霸王等游戏
2	锻炼宝宝走“S”形线、爬上高处、跑步、捉蝴蝶、吹泡泡、抛皮球、走直线、扶栏杆上下楼梯等训练
3	玩面团和彩泥、串珠子、装豆子等训练
4	让宝宝同布娃娃讲话等游戏
5	分分类、配配对、谁的多等游戏
6	小纸片搬家、物体归类、比较大小等游戏
7	储蓄罐、彩色糖球、物归原处、彩色纸等游戏
8	记忆力的训练、观察能力的训练、玩沙子游戏等
9	踏步走、打拍子、给气球系上线、印脚印、涂涂点点等游戏

25~36个月 宝宝的能力档案

宝宝个性培养与生活自理

2~3岁的宝宝的个性发展非常快，这时宝宝体会到了自己的意志力，懂得有可能通过争斗来统治别人。这个时期宝宝的性格可以从4个方面来描述：

 1 活动性，即所有行为的总和，包括运动量、活动精力等

 2 情绪化，即易烦乱、易苦恼、情绪激烈，这样的宝宝较难哄

 3 交际性，即通过社会交往寻求回报，这样的宝宝喜欢与别人在一起，也喜欢与别人一起玩

 4 自理性，爸爸妈妈必须在入园前，就教会宝宝自己穿、脱比较简单的衣物

社会适应和情感发展

 1 宝宝在语言上有了突飞猛进的发展，会模仿大人的口形，慢慢地宝宝会从周围的人那里学习语言了

 2 宝宝的记忆力也日渐增强，此时要让宝宝多交谈、多模仿、多参加一些有助于社会适应能力的游戏

宝宝社交能力

1 宝宝在这一时期的社交发育与学习主要由这几方面组成：社交性互动、模仿性学习、合作性学习、互换性学习、组织性学习等

2 此时期的宝宝已有了强大的语言能力，可以较多地与人交往，家长要教会宝宝初步懂得社交中的一些简单的是非概念

宝宝认知能力

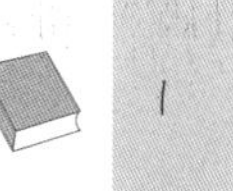

1 这时期的宝宝已出现了最初的空间知觉、时间知觉。如果两个东西分别放在不同的距离，他能知道哪个近、哪个远

2 宝宝能够区别出少与多，能够明白1表示一个物体，2、3等数字表示多个物体

适宜的游戏

1 穿上衣、穿裤子、穿鞋子等训练

2 教数字等训练

3 谁的厚、比一比哪个近、冰块到哪里去了、数一数等训练

4 藏猫猫、找相同、小小建筑师、漂亮的糖果、开火车等游戏

5 过家家、分享食物和玩具等游戏

6 认知早和晚、认识水果和蔬菜等训练

第二章

适合0～1岁宝宝的亲子游戏

宝宝的大动作发展轨迹图

大家好，我是贝贝，这是我的成长轨迹，妈妈说每个小伙伴成长都是这个顺序，你是吗？

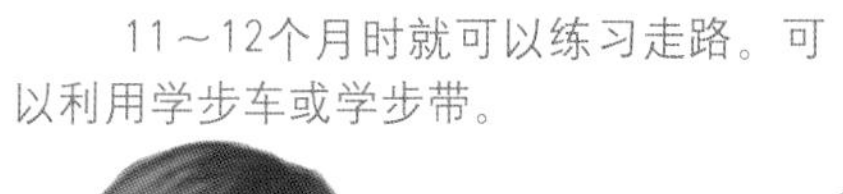

11～12个月时就可以练习走路。可以利用学步车或学步带。

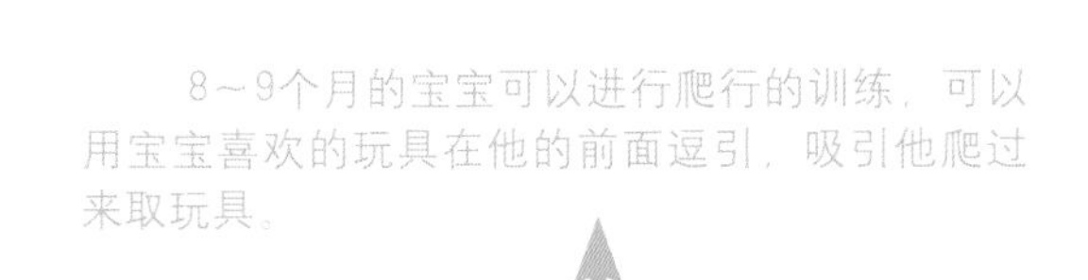

8～9个月的宝宝可以进行爬行的训练，可以用宝宝喜欢的玩具在他的前面逗引，吸引他爬过来取玩具。

10个月宝宝可以进行站立的训练，让宝宝扶着婴儿床的栏杆，或是你用手扶着宝宝的腋下，然后慢慢地放手让宝宝自己去寻找平衡感。

7个月的宝宝可以进行不用支撑的独坐练习。让宝宝坐在硬床上，不要给他任何支撑，锻炼宝宝的颈、背、腰的肌肉力量。

6个月时可以练习扶坐。家长可以让宝宝的两只手一同握住你的拇指，然后，你再紧握住宝宝的手腕，再用另一只手扶宝宝的头部让他坐起，然后再让他躺下，恢复原位。

7　8　9　10　11　12

找妈妈

（适合6个月以内的宝宝）

准备：无。

玩法：1.妈妈身穿颜色鲜艳的衣服，站在离宝宝眼睛30厘米远的地方。

2.妈妈缓缓地移到宝宝左边，再缓缓地移到宝宝右边。

3.这时，宝宝会跟着妈妈的移动而向左和向右各转动180° ，来寻找妈妈。

目的：锻炼宝宝对颈部肌肉的控制力。

心得：妈妈可以经常和宝宝玩这个游戏，既锻炼宝宝的颈部肌肉力量，又能安抚宝宝不安的心情。

看我旋风腿 （适合6个月以内的宝宝）

准备：柔软的玩具。

玩法：爸爸或妈妈将各种宝宝玩的玩具，例如洋娃娃、小动物毛绒玩具放在宝宝腿伸直所能触及的范围内，接着爸爸妈妈用手拿着宝宝的脚去踢玩具，多次重复后，示意宝宝自己大胆展示“旋风腿”！

目的：这个游戏锻炼宝宝的腿部力量以及手眼协调能力。

心得：与宝宝做这个游戏的时候，宝宝一定会因为开心而手舞足蹈，宝宝会很喜欢做这个游戏。

同类游戏推荐：手绢躲猫猫

1.妈妈给宝宝脸上蒙一个方形的手绢，注意不能用手绢把宝宝蒙得太严实。

2.拿掉手绢时把一个小玩具呈现在宝宝面前。此时妈妈还要用惊奇的语气说：“哇！”并要把玩具放在妈妈与宝宝的视线之间。

给宝宝搔痒（适合6个月以内的宝宝）

准备：软软的毛刷。

玩法：爸爸妈妈握着宝宝的脚掌或手掌，用毛刷在上面轻轻描画，宝宝会因为感到痒而挥手或踢腿；爸爸妈妈也可以用手指代替，在洗完澡以后让宝宝趴在床上，用示指在孩子的背上写简单的英文或数字，做动作的同时跟他交谈，宝宝会因背部痒而扭动身体，同时会发出笑声。

目的：通过给宝宝搔痒，可以锻炼他手、脚、背部的肌肉。

同类游戏推荐：船划起来

妈妈坐在地板上，伸开两条腿成“V”形，如做拉伸练习。然后让宝宝面对着妈妈坐着，用结实的垫子或枕头稳稳支撑在宝宝背后，让宝宝可以保持平衡。紧紧抓住宝宝的手，轻轻拉他的胳膊，让他向妈妈方向倾斜，而妈妈自己微微向后仰，接着反方向，妈妈向前的时候，宝宝向后。这个游戏为宝宝预备翻身做准备。

小手拉小脚（适合6个月以上的宝宝）

准备：干净的拼图地板或毛毯。

玩法：1.让宝宝坐在地板上。

2.引导宝宝抬起小手去触碰他的脚丫，亦可左右交替运动。在游戏时，你可以跟宝宝说：“我们的手和脚是好朋友，一起来碰碰！”这个游戏有利于提高宝宝的手腿协调动作。

目的：让宝宝的手和腿之间的动作更为协调。

心得：父母可以在一旁进行鼓励，比如，念唱一些小儿歌，能提高宝宝对游戏的兴趣。

同类游戏推荐：一起做运动

妈妈在每次给宝宝洗澡前，可以先和宝宝一起做运动，然后再给宝宝洗。先做上肢，最好一边喊口令一边做动作，妈妈要握住宝宝的两只小手，然后做“上、下、内、外、屈肘、合拢、屈膝、伸肘”的动作。让宝宝的肢体得到很好的运动。

打转够物（适合8个月以内的宝宝）

准备：小球。

玩法：宝宝趴在床上，妈妈在宝宝的眼前拿一个宝宝喜欢的小球，逗引宝宝用手去够，在宝宝伸手够的时候，妈妈将手里的小球移动到另一边，宝宝也会跟着移动。这时候，宝宝的身体就会以腹部为支点在床上打转。

我会走路了

（适合8个月以上的宝宝）

准备：无

玩法：妈妈在背后扶住宝宝腋下，让宝宝练习站立，然后带动他向前迈步。当宝宝可以独自站稳并能摇晃着迈步时，妈妈可以站在宝宝对面，伸出双手鼓励宝宝走到妈妈怀里来。

目的：让宝宝从爬行向走路过渡。宝宝不能一直停留在爬行的阶段，所以要引导他学会自己走路。

同类游戏推荐：蹲下，起立

爸爸或妈妈站在宝宝两侧，喊“蹲下”时爸爸妈妈一起拉着宝宝蹲下，喊“起立”时再一起站起，等宝宝熟悉后，爸爸妈妈放开手，喊着“蹲下”“起立”让宝宝自己跟着口令做动作。这个游戏让宝宝学习控制腿部的协调力，为站立和学习走路打下基础。

心得：宝宝坐稳、会爬后，就开始向直立发展，这时爸爸妈妈可以扶着宝宝腋下让他练习站立，或让他扶着沙发及床栏杆等站立，同时可以用玩具或小食品吸引宝宝的注意力，延长其站立时间。

踩影子（适合10～12个月以上的宝宝）

准备：无。

玩法：在有光亮的宽敞地方，妈妈指着爸爸的影子向宝宝惊喜地喊道："哇，影子！"然后用脚去踩，爸爸慢慢走动，妈妈跟着边踩边告诉宝宝："宝宝，过来和妈妈一起踩爸爸的影子"。宝宝会摇摇晃晃地去踩爸爸的影子，踩到了影子，爸爸和妈妈要惊喜地夸奖宝宝："哇，宝宝好厉害！"。宝宝会更加兴奋地去踩，这时爸爸可适当走得稍微快一点，但要保证能让宝宝跟上。

目的：宝宝独立走路可不是一件轻而易举的事，要勤加练习。

心得：在初练行走时，爸爸妈妈应积极鼓励和帮助宝宝行走，但要注意适当的休息，不要使宝宝过于疲劳。同时应注意安全，防止宝宝摔倒、碰伤。

同类游戏推荐：跨越的力量

将毛巾用胶带固定在地上，保持距离相同；或是在地上依次摆放几个障碍物，让宝宝跨过去等等。这些事物虽然看似不一样，但是达到的效果却是一样的。通过游戏，可以提升宝宝的眼、脚协调。

从“发现”小手到主动够物

贝贝的小手越来越厉害，从刚开始简单抓握，到后来的能伸手够物，现在拇指和示指能对捏了。

◆0～3个月的宝宝

让0～3个月的宝宝接触各种不同形状、质地的东西，如硬的木质积木、塑料小球和小摇铃，软的橡皮娃娃、海绵条、绒毛动物、衣领被角、树叶等不同种类的物品。

◆4～6月的宝宝

可以训练4～6个月的宝宝够一些距离手2～3厘米远的玩具；同时可以学习击打和够取悬挂在眼前半固定或固定着的玩具；然后再来学习够取一些可以拖动但不方便抓住的玩具。

◆7～9个月的宝宝

给宝宝添加一些固体的食物时，将饼干或烤馒头片掰成小块放到盘子里，宝宝自己可以捏着吃。

◆9～12个月的宝宝

9～12个月的宝宝已经掌握了对捏的本领后，家长可以给他寻找运用本领的机会。为了满足宝宝的这一需求，你可以给他一些干净的纸，宝宝在撕纸时听到的“嘶嘶”声也会给宝宝带来极大的乐趣，让他乐此不疲。

拨浪鼓（适合3个月以内的宝宝）

准备：拨浪鼓或其他可抓握的玩具。

玩法：妈妈将宝宝放在床上，用拨浪鼓柄碰触宝宝的手掌，让宝宝的小手握住拨浪鼓2～3秒钟不松手。也可以换一些其他的玩具让宝宝抓握。

目的：通过这个游戏训练宝宝手指的灵活性。

心得：在宝宝成长发育的过程中，宝宝的小手比嘴先会“说话”，他们往往先认识自己的手，有许多时候他们会两眼盯着自己的小手很仔细地看个没完。因此，手是宝宝认识世界的重要部位。

同类游戏推荐：握紧的小拳头

妈妈把宝宝紧握的小拳头慢慢地打开，打开之后宝宝肯定又会很轻易地合上拳头，这个时候妈妈再打开宝宝的小拳头，把指头放到宝宝手掌心中，让宝宝感知妈妈，然后宝宝会又把拳头慢慢握上，如是再三，宝宝就会逐渐把手掌打开。

可以多做一些这样的小游戏，练习宝宝的抓握能力。

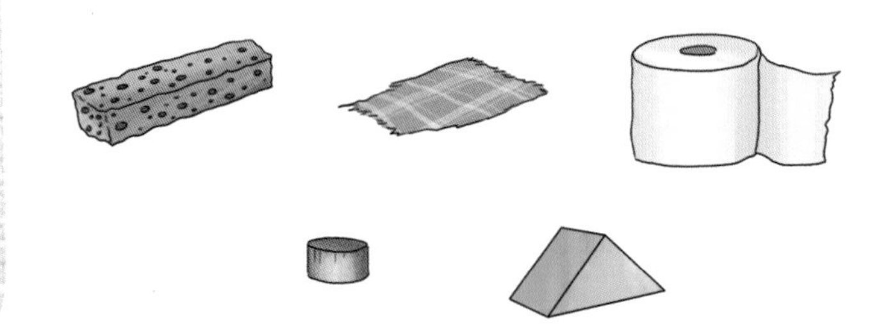

同类游戏推荐：单手拿物

这个阶段的宝宝拿东西的时候，一只手就可以。小玩具若是有乒乓球大小，那么他就能稳稳地抓在手中。宝宝用手掌心和五个手指抓住小玩具，对于自己喜欢的东西抓得又紧又快。可以把宝宝喜欢的东西放在他面前，这样有利于游戏的进行。通过让宝宝一只手拿东西，可以锻炼他手部的肌肉。

两手拿积木（适合3～6个月的宝宝）

准备：两块积木。

玩法：妈妈拿着一块积木递给宝宝，让宝宝用左手接住，然后再拿起另一块积木给宝宝，观察宝宝是伸出右手来接，还是将积木转到右手里，腾出左手来接。

目的：锻炼手部抓握的能力及手眼协调的能力。

心得：宝宝如果能自己用拇指、示指拿东西，则表明他的手部动作发育很好。

握手游戏（适合6～8个月的宝宝）

准备：无。

玩法：妈妈跟宝宝说："你好"，然后引导宝宝伸出手来与妈妈的手相握。继续练习几天，让宝宝知道如何握手。

目的：通过游戏锻炼手部能力的同时，妈妈还可以借此机会告诉宝宝，哪个是示指，哪个是中指，哪个是小指等。

心得：在宝宝高兴的时候，还可以教宝宝将双手合起拱手，然后不断摇动，表示谢谢，以后每次给他玩具或食物时，他都会拱手表示谢谢。

同类游戏推荐：抓捏葡萄干

在小碗里放一些葡萄干，让宝宝用小手抓着葡萄干捏啊捏，因为葡萄干体积比较小而柔软，不易滚动，所以宝宝拿取容易，捏起来却有些难度。开始时，可能宝宝一抓就是满满一把，家长可以把葡萄干一粒一粒从碗里放入杯子中，给宝宝做示范，鼓励宝宝用拇指和示指去捏葡萄干，当宝宝能捏起来时，要及时给予鼓励。注意不能让宝宝拿起葡萄干放进嘴里。捏葡萄干可以训练宝宝的手眼协调能力和训练手部小肌肉运动。

翻书游戏（适合9～12个月的宝宝）

准备：彩色图书。

玩法：妈妈将书摊开在宝宝的双腿上，一页一页帮宝宝翻，一边指着书里面的彩色图片告诉宝宝“这个是什么？”妈妈要教宝宝用拇指和示指捏着书页，将书页轻轻提起来、翻过去，而且要教宝宝顺着翻。

目的：宝宝的手部动作程度已经发展到了拇指和示指的指端了。宝宝在摆弄东西时，他能体验到物体的软硬、轻重、大小及形状，他会发现物体与物体之间有简单的联系。

心得：爸爸妈妈可以在桌前给宝宝摆上多种物件，如盖子、积木、小勺、小碗、水瓶等。当宝宝看到这些东西时，慢慢就会知道用积木玩搭高，知道将盖子扣在瓶子上，知道用水瓶喝水，知道用拇指、示指捏起小碗，知道将小勺放在小碗里“准备吃饭”等等。

延伸练习：谁是它们的妈妈

妈妈带着宝宝一起阅读，告诉宝宝谁才是它们的妈妈。

1岁宝宝的逻辑与数学智能表现

1. 认识更多的数字。

2. 喜欢数数及算术游戏。

3. 喜欢在图板上玩数学方格的游戏。

4. 对因果关系有更深的概念。

5. 喜欢对事物进行分类。

6. 喜欢逻辑难题或智力难题，喜欢看益智类的动画片。

怎样培养逻辑与数学智能

1. 创设良好的问题情景，鼓励宝宝的好奇心。

2. 创设动脑、动手的环境与氛围，让宝宝习惯动脑筋，经常鼓励宝宝独立思考。

3. 给予宝宝物质、精神和操作的支持，如充足的操作材料，操作的空间与时间。父母以同伴、合作者的身份和宝宝一起进行游戏。

4. 设计逻辑、数学角，在宝宝房间的角落里放置各种各样的用品，多准备与数学有关的图片、图画等。

不恰当的做法

1.不遵循宝宝的认知特点，视宝宝为装知识的口袋，强行灌注知识。

2.不考虑宝宝的学习速度，以父母自身的期待揠苗助长，追求人为的速成，给宝宝过重的压力。

3.不顾及宝宝的兴趣爱好，强行让他按照自己的要求学习，结果适得其反，使宝宝失去学习的兴趣。

找相同的事物

（适合8～12个月的宝宝）

准备：准备三对一模一样的小玩偶，这三对玩偶之间要有较明显的区别。

玩法：当妈妈和宝宝第一次玩这个游戏时，可以先用两对玩偶，将这两对玩偶放入盒子中，然后拿出一个玩偶，让宝宝看看这个玩偶的特点，然后再拿出另一个玩偶，让宝宝看看和第一个玩偶是否一样，当宝宝说“不是”的时候，就可以将这个玩偶同样放在一边，再掏出一个玩偶，让宝宝观察与第一次拿出的玩偶是否一样，若不一样，就将玩偶再与第二次拿出的玩偶进行比较，按照此步骤往下进行。当宝宝掌握配对的方法后，妈妈就可以将玩偶的数量增加，让宝宝进行对比的事物的差距也逐渐减小。

目的：训练宝宝的认观察能力。

心得：如果宝宝对游戏感到乏味，可以增加几样道具，比如积木方块等。能使宝宝更为积极地参与。

延伸练习：找出相同的事物

说一说物品的名称，再找出相同的图用线连起来。

游戏心得：

分类活动是帮助宝宝分辨事物的共同点和不同点的基础练习，能够让宝宝在以后的数数练习中分辨出不同种类的事物。

认识空间位置（适合8～12个月的宝宝）

准备：准备一些可扶物，如小沙发。

玩法：宝宝扶站小沙发旁，妈妈站在沙发的对面或者侧面，“宝宝，看妈妈在沙发后面！”妈妈躲入沙发侧面，然后对宝宝说：“猜猜妈妈在哪里？”诱导宝宝下蹲。然后母子在沙发侧面对视，说：“妈妈在这里！”妈妈直立起身体，诱导宝宝寻找，“宝宝，妈妈在哪里？”，从而逗引宝宝站立。

目的：让宝宝初步了解前后、左右的概念。

心得：生活中最基本的能力就是空间智能，像我们每天就要运用视觉空间智能来搭配要穿的衣服。对宝宝视觉空间智能的培养能使宝宝更加准确、敏感地观察事物，同时还能提高宝宝的艺术能力，使宝宝以积极的心态去感受美好的生活。

延伸练习：找出它们的位置

妈妈带领宝宝一起找出哪个小动物在前面，小兔子的左边是什么动物，一共有多少个苹果？

认识几何图形

（适合10～12个月的宝宝）

准备：一些三角形、圆形、长方形等形状的卡片。

玩法：妈妈可以让宝宝看各种形状的卡片，并问宝宝这些卡片的形状，当宝宝能够认识这些图形后，就可以给宝宝看一些日常生活中所看到的图形标志，告诉他这些标志是什么意思。

目的：让宝宝将所认识的符号和生活中的符号联系起来，增加宝宝对事物的认知能力。

心得：在家里经常做蛋糕和饼干的妈妈可以顺便将模具的形状告诉宝宝，边吃边玩边学最适合宝宝了。前几次学习时，可以只认识两种图形，便于宝宝辨认，等宝宝学会后再加入第三种图形，但最多加到五种即可。1岁的宝宝不要急于求成，要循序渐进，才能保持宝宝的兴趣。

延伸练习：按照形状分类

从右边图形中找出与左边形状相同的图形。

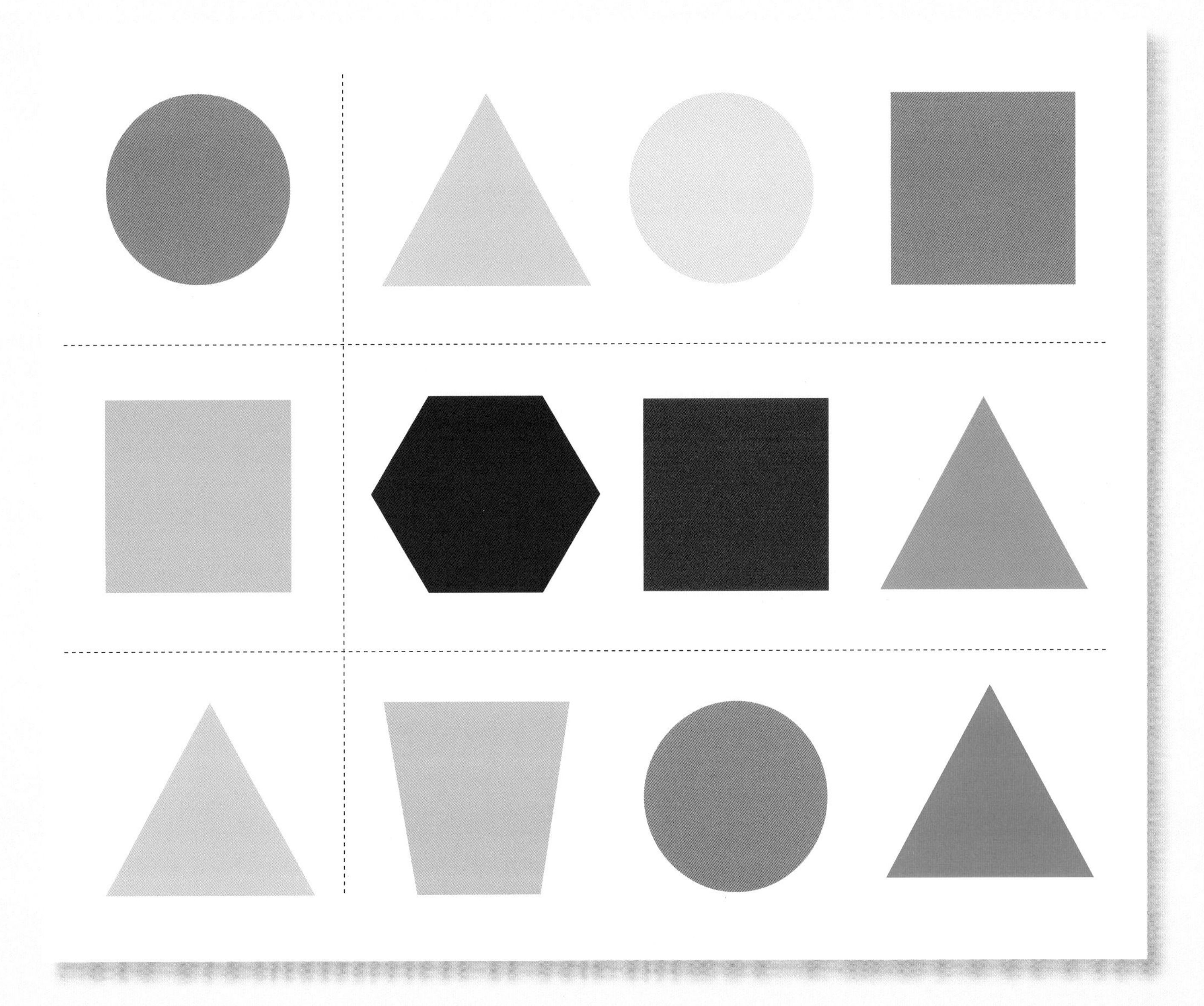

了解相等概念的游戏（适合10～12个月的宝宝）

准备：几个苹果，或一些积木，或一些书。

玩法：妈妈可以在宝宝的面前摆上两堆苹果，一堆里面有3个，一堆里面有两个，然后问宝宝这堆有两个苹果的再放上几个和旁边那个3个苹果的一样多。也可以在宝宝面前放上积木，拿出一块较大的积木放在宝宝的面前，问宝宝需要累积几块积木才能和这块积木一样高。或是在宝宝面前放上几本书，问宝宝需要再摞上几本书才与这本书一样厚。问宝宝一些诸如此类的问题，让宝宝从中理解相等的概念。

目的：帮助宝宝理解相等的概念，加强宝宝的认知能力。

心得：家长一定要在一旁鼓励。另外还要根据宝宝的年龄来适当地调整游戏的难度，可将苹果和积木换成别的物体。

延伸练习："相等"的概念

将左右两边数量相等的物体进行连线。

一个鼻子两只眼

（适合10～12个月的宝宝）

准备：一双筷子，一个碗，两个杯子。

玩法：让宝宝坐在妈妈的对面，把筷子、碗和杯子放在他的对面。先给宝宝示范游戏的玩法。如妈妈指着自己的鼻子说：“我有一个鼻子。”并拿起一个碗。妈妈指着自己的眼睛说：“我有两只眼睛。”这样宝宝就会拿起两支筷子。

目的：让宝宝知道怎样准确地运用量词，有助于提高宝宝的反应能力及辨别能力。

心得：父母不要操之过急，应该多点耐心，可以换个方式来引导宝宝，比如：把数字具体化，“1双筷子”“2本书”等。也可以让宝宝一边触摸物体，一边“默数”。

延伸练习：数数

数一数每组图的数量。

篮球有几个？

气球有几个？

小鱼有几个？

旗子有几个？

苹果有几个？

比较大小（适合10～12个月的宝宝）

准备：一个大西瓜，一个小苹果。

玩法：妈妈拿出大西瓜和小苹果放在宝宝的面前，然后问宝宝哪个比较大，如果宝宝能够回答出来，就要及时表扬宝宝。

目的：培养宝宝逻辑比较能力。

心得：数学所包含的是一个很广的范围，我们经常接触到的1、2、3、4，以及加、减、乘、除只是数学中很小的一个分支。对于宝宝来说，量的学习是更为重要的。由于宝宝大脑的发展尚属于具体思考时期，因此教宝宝进行数学学习的理想方式，就是先从量开始来对数进行比较，比较它们的大小、多少等，在日常生活中配合直观的演示教学，来达到寓教于乐的目的。

延伸练习：比较它们的厚度和大小

下面有几本书，有的厚，有的薄。让宝宝仔细观察书的厚度，指出哪本最薄，哪本最厚？

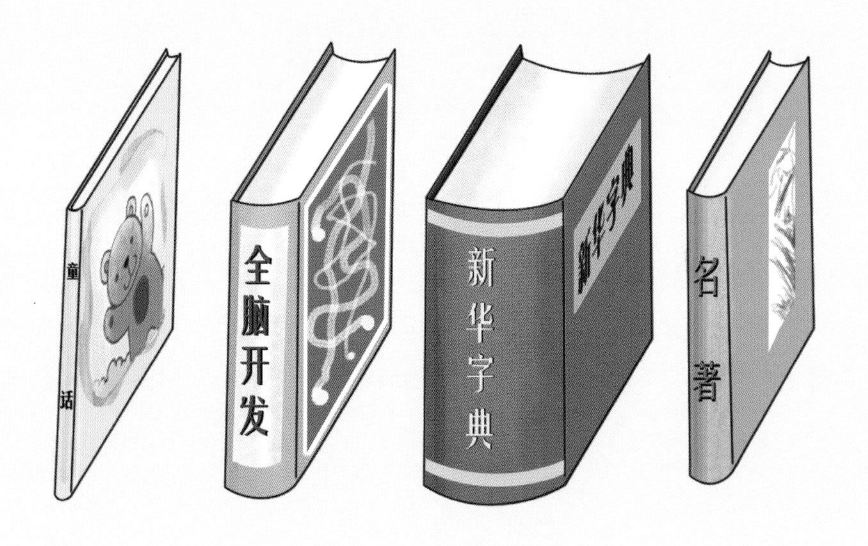

下面有几个套娃，有的大，有的小。让宝宝指出哪个最大，哪个最小？

找规律

（适合10～12个月的宝宝）

准备：一根线，多个红色和绿色的珠子，或是一些各种形状的积木。

玩法：妈妈可以当着宝宝的面，将这些红色和绿色的珠子穿起来。可以穿一个红的，接着是一个绿的，然后再穿两个红的，一个绿的……像这样将这些红色和绿色的珠子穿起来，并和宝宝一起讨论这些珠子是怎样排列的。或是将积木按照三角形、圆形、正方形、长方形等形状排列，组成一个图案，并让宝宝根据这个图案进行模仿，重新排列这个图案。等到宝宝熟悉这个游戏之后，就可以让宝宝按照自己的意愿来排列设计。

目的：让宝宝初步理解数学，提升宝宝对物体的识别能力。

心得：分类能力是相对容易做的事情。平时生活中有很多事物都可以用来让宝宝练习分类。例如，练习整理玩具等，在游戏中提高宝宝的逻辑思维能力。

延伸练习：找出形状和颜色的规律

空白的位置应该是什么颜色呢？让宝宝仔细观察后用相应颜色的彩笔涂色。

1岁宝宝的语言发展轨迹

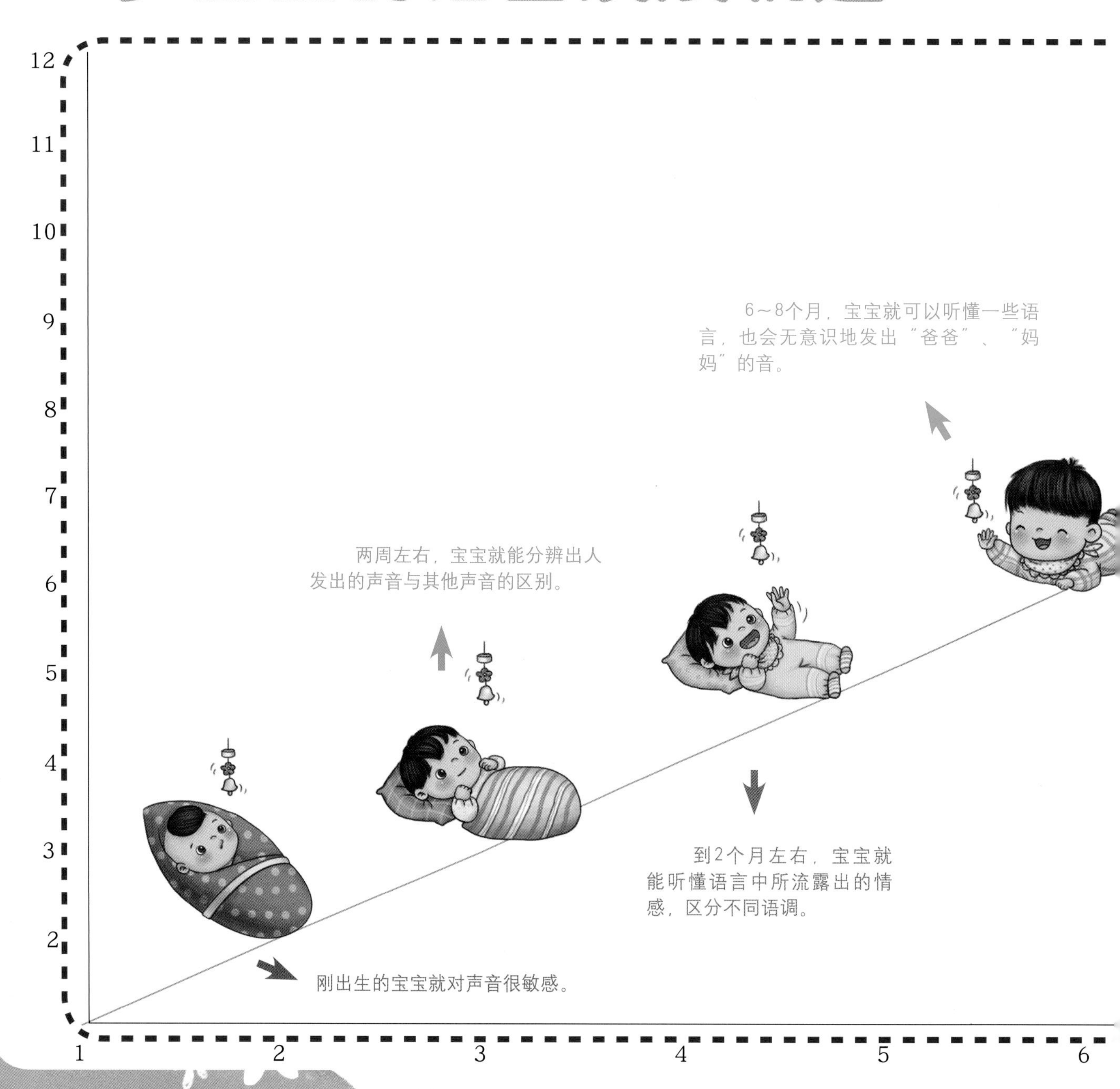

大家好，我是贝贝，这是我的语言发展轨迹，你们和我一样吗？

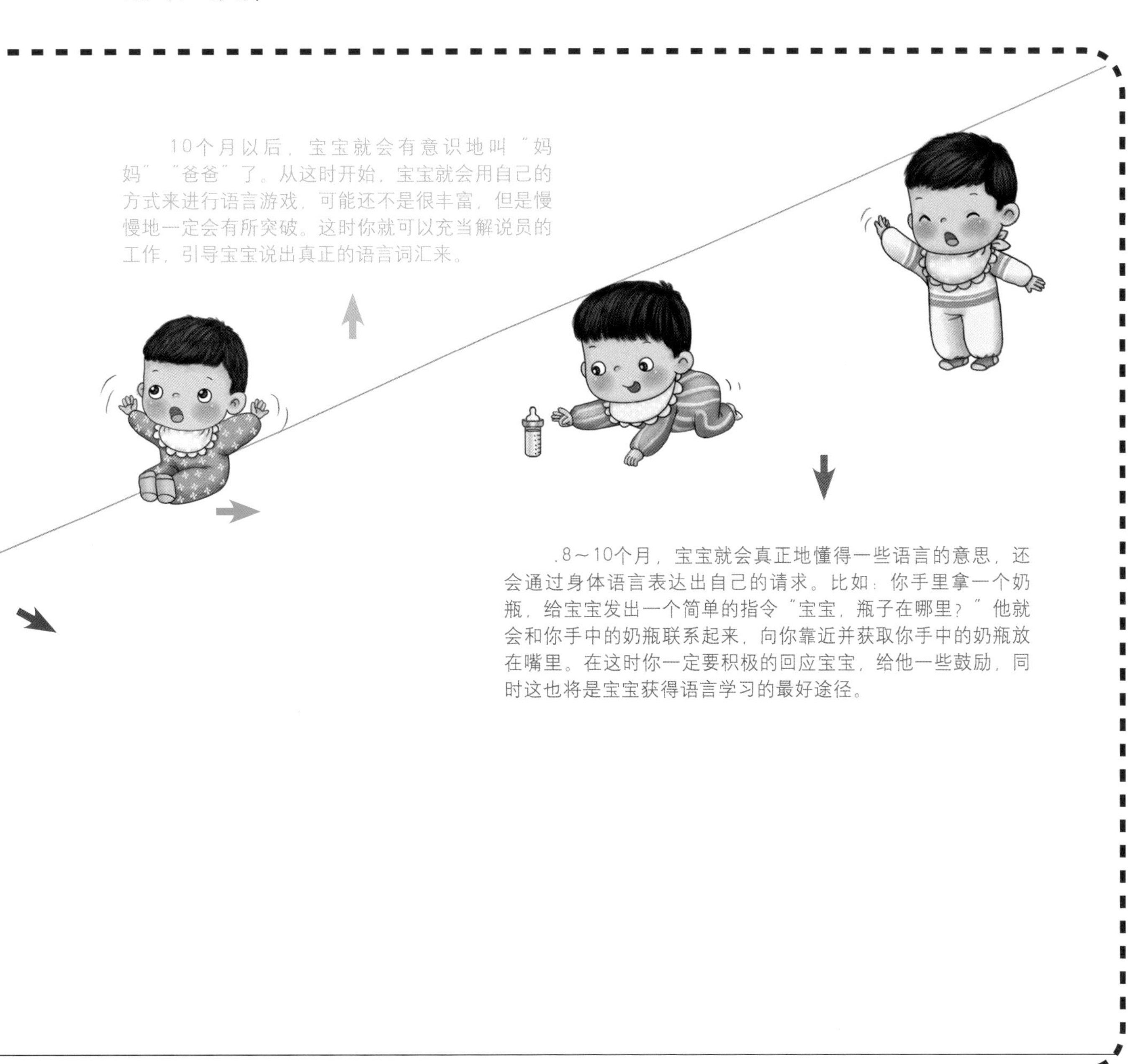

趣味发音练习（适合9～12个月的宝宝）

准备：准备不同动物的小卡片，如小狗、小猫、小猴等。

玩法：在平时，你可以用一些夸张的面部表情，模仿小动物的声音给宝宝听。拟声词很容易引起小宝宝的兴趣。你可以在模仿小动物叫声的同时，模仿一些小动物的招牌动作，这样小宝宝想走神都不行。在此时，你可以拿出准备好的小动物卡片。出示卡片，同时模仿出相应的小动物发音。重复几次后就让小宝宝模仿。当然也不是只有单一的一种方法，你可以教他模仿相应的动作，或让小宝宝指出哪张卡片是小狗，哪张是小猫。

目的：家长引导宝宝正确练习发音。

心得：宝宝的发音常常不稳，比如说“高大”时发音很好，可是在说“爸爸”时发音就变成“怕怕”了。由此可以看出，宝宝的发音会受到不同方面的影响，如不同语音，不同的语词内容结构等。一般来说，宝宝的发音发生歪曲音的情况比较常见，可能是宝宝一直使用那种方式发音，但这是不正确的发音方式。常见的也有省略音和替代音。

延伸练习：亲子共读

贝贝有一个幸福的家。你看照片里都有谁？贝贝家一共有几口人？

发音游戏

（适合0～3个月的宝宝）

材料：镜子。

玩法：一开始做发音游戏的时候，父母的发音以一些简单的韵母为宜。如“O”。这个音很容易被宝宝学习和模仿。也可以先用目光注视着他并呼唤他的名字，用类似唱歌的声音发出“O”这个音，最后可以边冲宝宝微笑边抚摸他。等待一段时间以后，看看这个音是不是能被宝宝发出。假如宝宝发出了咕咕的声音，应马上和宝宝进行对话，就像已经听懂他的“说话”一样。你也可以抱着宝宝到镜子面前，让宝宝观察你的嘴型，从而进行模仿。

目的：让宝宝从自己所发出的声音中获得喜悦和快乐的感觉。

心得：0～3个月的宝宝已经能区分语言声和非语言声。如果妈妈和宝宝说话，他能注视妈妈的脸片刻，并会表现出反射性的微笑，有时还会发出“咿咿”“啊啊”的语音。平时在与宝宝接触时，要多与宝宝交谈。比如，在给他换尿布时，妈妈可以一边抚摸宝宝的小屁股，一边跟宝宝说话，诱导宝宝练习发音。

延伸练习：小猫钓鱼

妈妈带着小猫去河边钓鱼，小猫不专心，一会儿捉蜻蜓，一会儿捉蝴蝶。请妈妈看图给宝宝讲故事。

拍拍手、点点头（适合9～12个月的宝宝）

准备：一些节奏欢快的童谣。

玩法：房间中播放着欢快的童谣，妈妈就可以和宝宝面对面做好，握住宝宝的两只小手，边拍手边说“拍拍小手呀！”这样重复的做几遍，然后放开宝宝的手，并对宝宝说：“来！宝宝我们来拍拍手！”在旁边给他做示范，让宝宝自己拍手。还可以用同样的方法进行点头的训练。

目的：让宝宝理解语言的含义，并根据语言做出正确的回应。

心得：7个月的宝宝，就可以听懂一些简单的要求，会做出相应的反应，在这期间，多与宝宝进行一些这样的游戏，就可以让宝宝理解妈妈所说的含义，就会根据说话的内容做出相应的反应。

同类游戏推荐：

当宝宝玩的时候，妈妈总会在旁边看着宝宝，和宝宝一起玩，在玩的过程中，妈妈也可以告诉宝宝他现在正在做什么。例如当宝宝在摇铃铛的时候，妈妈就可以说：“宝宝现在正在摇铃铛。”对宝宝正在做的事情进行描述，语言尽量要简单，让宝宝在这种情景中理解语言的含义。

学习叠声词（适合6～9个月的宝宝）

玩法：在宝宝会发出几个元音的时候，爸爸妈妈每天都要跟宝宝聊天，互相模仿，让宝宝学着发出叠音词，例如爸爸、妈妈、大大、打打、拍拍、哥哥、娃娃等。在发一种辅音的时候，要指相应的人和事物，或者做出动作，让音节与意义联系起来。

目的：让宝宝练习发音，建立语言信号反应。

心得：集中重复，让宝宝形成语言信号反应。唱相同的歌或摇篮曲不仅可以逗宝宝开心，还会帮宝宝学习。当妈妈经常给宝宝看灯，告诉宝宝“灯”，并指给宝宝看，以后宝宝一听到“灯”这个词的信号就会马上去找，这就开始建立了语言信号的反应。

选好宝宝所听的音乐

宝宝在现阶段的听觉神经尚未发育完全，没有办法认识音乐是很自然的事情。如果宝宝对有节奏感的音乐依然不是很喜欢的话，父母可以和宝宝一起听，并且要随着节奏打拍子，这样宝宝便会对所听的音乐做出反应。

宝宝虽然不能了解音乐的内涵，但是可以感受到音乐的各种旋律，这种对音乐的感受可以发展宝宝的听力。要培养宝宝的感受力，就要在宝宝醒着的时候。在如此自然的音乐影响中，宝宝会觉得快乐，并且喜欢上音乐。

在宝宝4～6个月的时候，听力发展迅速，对音乐的情绪反应很明显，听音乐的时候开始手舞足蹈，并对听过的音乐开始有了自己的记忆。此时，如果宝宝接受音乐熏陶的话，对宝宝的大脑锻炼有潜移默化的作用。

音乐按摩师（适合0～6个月的宝宝）

准备：舒曼、贝多芬、莫扎特等乐曲或胎教音乐。

目的：让宝宝身体感受音乐的节奏，可以使宝宝更加喜欢音乐。

玩法：在做游戏前，用20钟的时间来播放宝宝喜欢的音乐，开始的时候妈妈和宝宝一起坐在地板或者大床上，接着按照音乐的节奏为宝宝做一些身体上的准备活动；妈妈也按之前音乐的节奏为宝宝做全身的按摩游戏，在按摩身体的每一个位置的时候都要停留一段时间；注意观察宝宝的情绪表现，使音乐节奏的快和慢可以被宝宝所了解。

心得：当宝宝哭闹不停或是每次睡觉前，妈妈都可以给宝宝放一些柔和的摇篮曲，声音不要过大，也可由妈妈亲自给宝宝演唱。这些摇篮曲也可以是妈妈在怀孕时经常听的曲目，这些曲目宝宝也会更加的熟悉，容易让宝宝安定下来。

小鼓咚咚咚

（适合7～9个月的宝宝）

材料：节奏欢快鲜明的音乐，一套小鼓玩具。

玩法：妈妈变换不同的节奏敲击小鼓，引起宝宝的兴趣。引起宝宝的兴趣后，妈妈把小鼓和两只小棒放在宝宝面前，引导宝宝用小棒敲鼓。播放节奏欢快鲜明的音乐，妈妈握着宝宝的手随着音乐有节奏地敲打小鼓。让宝宝自由挥棒，先从单手敲鼓训练开始，熟练后再让宝宝双手敲击。宝宝掌握比较好时，让宝宝跟着音乐节奏敲打小鼓，妈妈在旁边拍拍手为宝宝打节拍。

目的：让宝宝接触简单的乐器，跟着音乐敲打乐器，锻炼宝宝的听觉敏锐力，促进宝宝手、眼、耳的协调发展。

心得：宝宝对能发出声音，尤其是好听的声音的玩具都会很感兴趣，妈妈可以为宝宝准备一些简单的乐器，比如音乐盒、铃铛等，培养宝宝对音乐的兴趣。准备一些类似不锈钢杯的器皿让宝宝敲打，听一听这些器皿敲打出来的声音与鼓声有什么不同。

1岁宝宝的人际交往发展

我是贝贝，我喜欢听妈妈夸我说：“宝宝很听话，也很乖。”我最喜欢和别的小朋友一起玩了，你呢？

6个月大的宝宝

已经可以分辨亲人和陌生人了，会扑向亲人的怀抱而躲避陌生人的接近。

7个月大的宝宝

可以用简单的动作表达自己内心的感受，当宝宝高兴时会以笑脸和拍手来表示，也会表达谢谢和拒绝。

9～10个月大的宝宝

他已经懂得用自己的小手来指着自己想要的东西，也会用简单的手势来表达自己内心的想法。

1岁的宝宝

除了会使用肢体语言以外，已经更多地开始用简短的语言来向别人表达自己的意见。

玩手偶（适合6～12个月的宝宝）

准备：小猪布偶、小兔玩偶。

玩法：在我们平时的生活中，还可以利用宝宝平时的一些玩偶来和宝宝进行游戏。例如，你可以利用小熊的手偶与宝宝进行对话，如："你好乖啊，我要向你学习，做一个听话的好宝宝。"通过这种生动、活泼的方式把平时生活中一些简单的对话告诉宝宝，有利于宝宝的理解和记忆，还可以通过这种方式，让宝宝知道平时的人际交往是怎样进行的。

目的：在角色扮演游戏的过程中，使宝宝学会人际交往中的互动。

心得：要发展宝宝的人际智能，就要在平时多和宝宝进行交流，多为宝宝提供交流的机会，使宝宝很快地掌握人际交往的要领和诀窍。

延伸练习：宝宝一起吃饭

下面哪个小朋友做得好？哪个小朋友做得不好？妈妈带着宝宝找一找。

传球（适合8～12个月的宝宝）

准备：橡胶球（或者其他材质相对柔软的球类）。

玩法：1岁以内的宝宝相比较而言更喜欢和自己玩，你可以给宝宝一个球，让他接住，再要求宝宝把球给你传回来，通过这个简单的传球活动，就可以激发宝宝对周围人动作的重视，以便日后宝宝学习更多的人际交往方面的知识。

目的：锻炼宝宝对事物的注意能力、使宝宝可以积极地与人进行互动，增强宝宝的反应能力。

心得：这个年龄段的宝宝最好是选择和年龄相仿的其他宝宝一起做游戏，这是一种最安全、最有效的人际交往方式。当宝宝的脊椎已经发育完全，可以坐得很稳的时候，应尽量带宝宝去参加相关的亲子课程。在参加亲子课程的过程中，宝宝便有机会接触很多同龄的小宝宝，在同其他宝宝交往的过程中提升彼此的交流能力。

给你，谢谢（适合6～12个月的宝宝）

准备：皮球、摇摇马、玩偶、苹果玩具等等。

玩法：妈妈现在将准备好的物品散放在宝宝周围，然后和宝宝一起坐在地板上，并对宝宝说："宝宝，把皮球送到妈妈这里来。"宝宝就会爬到皮球的旁边，一手撑地，一手抓球，抓起后就会伸手给你，当宝宝给你皮球的时候，一定不要忘了对宝宝说"谢谢"，并表扬宝宝。妈妈也可以和宝宝抢东西，当着宝宝的面拿走他心爱的玩具，这时宝宝就会十分得不高兴，甚至会大哭起来，这时候你再把玩具还给宝宝，并和宝宝道歉，让宝宝知道抢别人的东西会让人不高兴。

目的：在进行人际交往的时候，培养宝宝的礼貌意识。

心得：在现实生活中，独生子女所占的比例越来越大，每个家庭只有一个孩子，而宝宝就变成了家里的小公主、小皇帝，所有的亲人都在宠着他、让着他，这也就使得宝宝变得越来越不懂得为他人考虑，为别人着想，因此家长们就要从小锻炼宝宝礼貌地与人交往，让宝宝在长大后成为一个懂事的好宝宝。

第三章 适合1～2岁宝宝的亲子游戏

2岁宝宝的大动作发展

走稳

1岁时，我刚刚能单独走几步路，而且走得不稳，容易摔倒。妈妈说要经常进行以下的运动:

①拉着玩具学走路

可以和其他宝宝互相比较，看看谁拉的玩具的声音更响，速度更快。

②倒走

大人在后面保护宝宝，用声音做提示，让宝宝练习退后走。因为宝宝的眼睛看不见后面，全靠身体的感觉指导着后退，这个方法对于锻炼宝宝的平衡效果明显。

③爬楼梯

开始练习上下楼的时候需要大人拉着宝宝进行，但要想达到双脚可以熟练地交替上楼的程度还要经过很多的尝试和训练。下楼梯的时候大人最好站在楼梯下方，这样宝宝就不会再因失重摔倒而受伤了。

跳跃活动

2岁的宝宝已经稍微具有平衡感了，并且已经能稍微做出一些保护自己的动作了，因此，可以为这个阶段的宝宝提供跳床来练习双腿的跳跃动作，或把呼啦圈放在地上，让宝宝做跳进跳出的动作，这样的训练都可以使宝宝双腿肌肉的运动感觉变得强有力，还可以增加双腿的动作技巧和身体弹性。

跑

还走的不太稳的时候，宝宝就想练习跑了，但经常有失重的状况发生，头靠前是很容易摔倒的，会停不下来。和宝宝练习时，要告诉宝宝先把速度放慢，头要伸直，这样就可以把身体重心放在脚上了，通过这种训练宝宝便学会了自己停止。学会自己停止后，宝宝就可以和父母进行赛跑游戏了。

投掷活动

人类四肢的动作发展有一定的顺序，一般是由近及远的。拿上肢来说，是按照肩部、肘部、腕部的顺序发展的，在发展的过程中动作逐渐协调，最后才是手指间的灵活协调。因此，可以多让宝宝进行扔飞碟、掷飞镖及投球接球的游戏，这样可以锻炼宝宝上肢各部位肌肉灵活协调，且达到强化肌肉的效果。

翻越障碍（适合12～18个月的宝宝）

材料：较矮的家具。

玩法：在地板上放置一些较矮的物品，让宝宝使用各种动作通过障碍物，如跳过枕头、过凳子、钻小桌等对宝宝的运动技能进行锻炼。同时还可以播放一些轻松、活泼的音乐，使气氛充满动感。

目的：障碍物的设置可以提高宝宝对游戏的兴趣，而宝宝的四肢力量也可以在游戏中通过各种动作的配合得到很好的锻炼。

心得：游戏的过程中，能够很好地锻炼宝宝的肢体协调能力，而且，游戏的方式多种多样，只要能提高宝宝的身体机能，那就是好的游戏。而且，妈妈最好参与到游戏中，这样不仅能提高宝宝的肢体协调能力，还能增进亲子间的感情。

叠起敲下（适合12～18个月的宝宝）

准备：积木玩具、皮球。

玩法：让宝宝把积木叠得很高很高，叠完后再推倒，或用皮球扔倒。

目的：宝宝推倒积木需要上肢的参与，起到锻炼上肢的作用，换成扔皮球的话，上肢力量和瞄准能力均能得到提升。

心得：当游戏次数多了以后，妈妈可以提高游戏的难度，如：缩短时间、增加积木的数量、增加一些其他形状的积木等。

变高和变矮（适合12～18个月的宝宝）

准备：干净、平整的地板或地毯。

玩法：在干净、平整的地板或地毯上面，妈妈和宝宝一起来练习踮脚游戏，妈妈先示范给宝宝看踮起脚尖，身体伸直，高高地举起双手，妈妈说："变高"，整个人就变高了很多；接着妈妈再喊"变矮"，然后放平脚，低头弯腰，双手抱膝盖，身体变做一个球状。宝宝看到妈妈做也会情不自禁地跟着做起来。还可以变换玩法，由妈妈喊口令，妈妈和宝宝一同表演；也可以由宝宝单独进行表演。

目的：让宝宝的身体做一下伸展运动，锻炼宝宝的韧带和关节。

心得：这个游戏是一个可以使宝宝全身肌肉活动协调发展的游戏。这种身体活动的游戏中穿插在一些静态的游戏，是最合适不过的了，动静结合，有利于宝宝的身体健康。

投保龄球（适合18~24个月的宝宝）

准备：饮料瓶、皮球。

玩法：把废弃的饮料瓶整齐地摆放成一排，再把不同重量和体积的球给宝宝，要宝宝击倒前面的目标。

目的：锻炼宝宝上肢的力量并且提高宝宝对问题的解决能力。本阶段宝宝开始会跑，这时妈妈可以适时锻炼宝宝的大肌肉。

心得：如果宝宝没有主动地扔球，可以让妈妈给宝宝做示范，直到宝宝能主动的扔球为止，这对提高宝宝注意力有很大的帮助，还能促进宝宝的身体协调性和与人合作的能力。

拉着走（适合18～24个月的宝宝）

准备：玩具小车。

玩法：让宝宝拉着一个玩具小车，在宝宝走路的同时，与宝宝说一些和玩具车有关的话题进行互动。

目的：宝宝要控制玩具车的移动就要用到上肢力量，同时还要对自己走路的速度进行控制。关于玩具车的话题，可以增加游戏本身的趣味性。

追影子（适合18～24个月的宝宝）

准备：手电筒。

玩法：在一个有太阳的日子，教宝宝留意地上妈妈与宝宝的影子，让宝宝追着妈妈的影子踩，接着进行位置的变换继续游戏。也可以在家里用手电筒制造一个光点，让宝宝进行追逐，待宝宝抓到以后，再换光点的位置，让宝宝抓。

目的：锻炼宝宝的身体平衡能力。

心得：这个游戏可以让宝宝尽量多地做练习，熟练掌握身体的平衡能力。

适时培养宝宝的自理能力

◆ 让宝宝学着做家务

宝宝在15～18个月的时候，就能一边走路一边手里还能拿东西，对模仿大人的动作非常感兴趣。这时候，你就可以教宝宝做一些简单的家务，慢慢地让宝宝掌握一些技能。比如，你可以让宝宝把他自己吃完东西之后的垃圾扔进垃圾桶；在吃饭前，让他帮忙摆放筷子；让他在玩完玩具之后将玩具整理好等等。

◆ 刷牙可协调宝宝的肢体

家长可以利用讲故事的形式来教育宝宝，例如，可以给宝宝讲这样一个故事：一个宝宝不爱刷牙，最后变成了蛀牙大王，很多小伙伴都不爱和他一起玩；后来，在医生的帮助下，这个蛀牙大王修好了牙齿，以后养成了天天刷牙的好习惯的故事。家长可以把这个故事讲给宝宝听，宝宝会很感兴趣，还会经常要求再听。这样，宝宝刷牙就会成为一件主动的事情。

◆ 进行上厕所的训练

通常情况下，宝宝会在18～24个月时就已经步具备了上厕所的生理与认知能力，这时，爸爸妈妈就应该多鼓励并引导宝宝，让他渐渐地能够独立上厕所。

饭后擦擦嘴（适合24～30个月的宝宝）

准备：一条小毛巾。

玩法：吃完饭后，妈妈就可以给宝宝示范怎样擦嘴，然后让宝宝模仿自己的样子，先将小毛巾平放到手上，捂在嘴上后，双手同时向中间擦，然后再把毛巾合起来，放到一只手上左右再擦几下。坚持让宝宝每天吃完饭后要擦嘴，时间一长就会养成习惯。

目的：培养宝宝饭后把嘴擦干净的习惯，提高宝宝的自理能力。

心得：当爸爸妈妈建立了一些规则之后，就要严格按照规则执行。当然，这个规则不仅仅是给宝宝制定的，爸爸妈妈同样也要按照规则执行，给宝宝起到榜样的作用，让宝宝在潜移默化中养成良好的习惯。

找一双袜子（适合24～36个月的宝宝）

准备：3～4双颜色鲜艳且色彩对比明显的袜子。

玩法：当宝宝想要穿袜子的时候，妈妈就可以让宝宝自己从那3双袜子中找到一双袜子，可以告诉宝宝，袜子都是成双成对的，两只袜子都是一模一样的，引导宝宝找一双颜色相同的袜子，当宝宝找到一双袜子后，妈妈一定要表扬宝宝。当宝宝能够熟练地找到一双袜子后，妈妈就可以让宝宝从一些不是那么鲜明对比的袜子中找到一双，来增加难度。

目的：让宝宝学会自己找到一双袜子，提高宝宝的自理能力。

心得：当宝宝自己在穿袜子的时候，除了妈妈给宝宝准备好，否则经常会发现宝宝穿了两只不同图案或颜色的袜子，既然已经会穿袜子了，那么就需要爸爸妈妈来教宝宝从很多袜子中找图案到一样的两只袜子，让宝宝知道这两双袜子是一模一样的，加强宝宝对一双的理解。

我帮妈妈擦桌子（24～36个月的宝宝）

准备：两块擦桌布。

玩法：吃完饭后，妈妈就可以给宝宝一块擦桌布，让他先看你是怎样擦桌子的，先把擦桌布放在桌子上，用手按住擦桌布，从桌子边缘往上推，推到双臂的长度后再退回来，然后再向上推，这样来回地擦。给宝宝示范并讲解完后，你就可以让宝宝来试一试，然后和宝宝一起擦桌子。

目的：让宝宝养成饭后擦桌子的习惯，促进宝宝养成良好的生活与行为习惯。

心得：爸爸妈妈平时应多让宝宝做一些力所能及的事情，让宝宝掌握自理的能力。

延伸练习：哥哥弟弟一起玩

下面的图中哥哥在做什么？妈妈可以带着宝宝一起阅读。

穿衣活动（适合24～36个月的宝宝）

材料：衣裤、鞋袜等。

玩法：在平时的日常生活中，妈妈就应该有意识地让宝宝观察自己给他穿戴的过程。这样，当宝宝渐渐熟悉的时候，妈妈可以让宝宝先接触一下穿戴的基础。给宝宝准备一只鞋，让他找出相匹配的另外一只，这样的活动可以很好地刺激他穿鞋的欲望。有的时候他就会拿着鞋往自己的脚上套。慢慢地通过以上的步骤，妈妈就可以教宝宝正确的穿鞋方式。当熟练了以后，妈妈可以让宝宝配合着穿衣。这样的过程包括伸手、伸腿，可以很好地锻炼他身体协调能力。

目的：让宝宝通过游戏，学会如何穿衣，从而达到自理能力的训练。

心得：妈妈需要注意，锻炼宝宝的自理能力不只是穿衣、穿鞋，这样太单一了。生活中有很多锻炼的机会，只要能有一双善于发现的眼睛，就一定可以让宝宝的能力得到提升。如刷牙、洗脸、洗衣服等，这些同样也是养成宝宝良好习惯的过程，妈妈一定要珍惜。

延伸练习：自己梳头

让宝宝看图学习自己梳头，培养宝宝的自理能力；让宝宝找到保质保量完成任务的方法和规律，提高宝宝的生活技能。

1～2岁是学习语言最好的时期

这个时期是宝宝语言发展的进步时期。这个阶段的宝宝已具备了一定的“语言基础”，这时可以适当增强语言结构的复杂化，为宝宝进一步的语言能力发展提供了充足的条件。这种相互效用，使宝宝的语言世界出现了“闪光”的跃进。作为家长，妈妈应该及时捕捉宝宝学习语言的关键期，同时刺激宝宝的语言发展。

复述说话，讲故事

复述说话和讲故事对于成人来说就是“小菜一碟”，可是，这却是训练宝宝说话的最有效方式。优势在于，无论什么时候都可以和宝宝进行这样的训练。妈妈先对宝宝说一句话，然后让宝宝复述。开始时，可以先从最简单的句子进行，如，“宝宝喜欢妈妈”“妈妈也爱宝宝”“宝宝今天真漂亮”等等，当宝宝熟练的时候，就可以逐渐加长句子。

妈妈给宝宝讲故事的时候，也可以采用复述的方式练习。当然需要选择一些宝宝感兴趣的故事。妈妈在讲完故事后，可以尝试让宝宝进行复述。如果宝宝感觉有些困难，妈妈可以引导并鼓励宝宝进行复述。如一些激励的语言，“宝宝讲的故事真动听”“记得明天将这个故事讲给邻居的奶奶听”等。这些都可以调动宝宝复述的积极性。

看图讲“故事”

很多妈妈都会给宝宝“配备”一些图画书，妈妈尽可能的运用这些图画，来训练宝宝的语言思维能力，当然最好和宝宝一起进行“阅读”。开始，宝宝可能说的不是很完整，妈妈要“查漏补缺”地引导宝宝，很快宝宝就会“能说会道”了。

教宝宝认识生活用品

宝宝周围环境中的一切物品，都是教育他学习语言的工具。父母通过教授这些物品的名称及用途使宝宝学到很多有用的新名词，这对宝宝的语言思维发展有很好的作用。

教宝宝念儿歌或小诗

一般来说，儿歌和小诗节奏感都很强，特别适合正在进行语言训练的宝宝。它具有押韵、朗朗上口等特点。即使宝宝还不了解其中的内容和含义，也会非常愿意大声朗读，直至能够熟悉地诵读。

宝宝的外出“考察”

经常带宝宝去公园或幼儿园等，可以给宝宝创造一个很好的语言环境，再配合着教宝宝一些相关的句子，即使宝宝还不能一下子就记住，但也拓宽了宝宝的视野，这为宝宝说话奠定了一定的基础。

配合肢体语言学说话

妈妈在和宝宝说话的时候，应该注意配合肢体语言，如手、脚等身体部位，妈妈可以一边说话一边“手舞足蹈”，这样配合说话，更能增强说话的趣味性，也能增强宝宝的记忆力。

句子形态的说话方式

1岁以前的宝宝嘴边常挂的都是一些“水”、“书”等单字，而1～2岁以后，妈妈就要教宝宝说些长一点的句子，如“好高的树”“我要穿衣服”等等，要充分利用宝宝已懂的单字连接成新的句子，让宝宝接触真正的说话方式。

模仿声音（适合12～18个月的宝宝）

材料：一个能说“你好”“谢谢”“再见”等简单词语的娃娃。

玩法：妈妈可以拿着娃娃放在宝宝的身边，并让娃娃对宝宝说“你好”。一直重复“你好”这个词语，不仅能吸引宝宝的注意力，还能让宝宝对娃娃发出的这个声音进行模仿，妈妈就可以在一旁鼓励宝宝也对娃娃说“你好”，从而让他学会一些简单的词语。或者妈妈抱着宝宝，对宝宝做一些张嘴、吐舌头等表情，并对宝宝慢慢地说你希望他学会的第一个词语，让宝宝注意看你的口型与面部的表情，这样，宝宝就会通过模仿而发出一些声音来与你“对话”。

目的：让宝宝通过模仿学会说一些简单的词语。

心得：宝宝喜欢和爸爸妈妈一起玩，喜欢让爸爸妈妈抱着自己，喜欢听爸爸妈妈和自己说话，爸爸妈妈不要以为宝宝还小，什么都听不懂，其实宝宝现在已经有了一定的理解能力，为了更加丰富宝宝的词汇量，就需要和宝宝多说话，为他积累更多的词汇，让他通过模仿自己说话的样子来学着说话。

延伸练习：热闹的农场

小动物们在农场里真快乐！小朋友们，仔细听小动物们的叫声是怎样的？学一学他们的叫声吧！

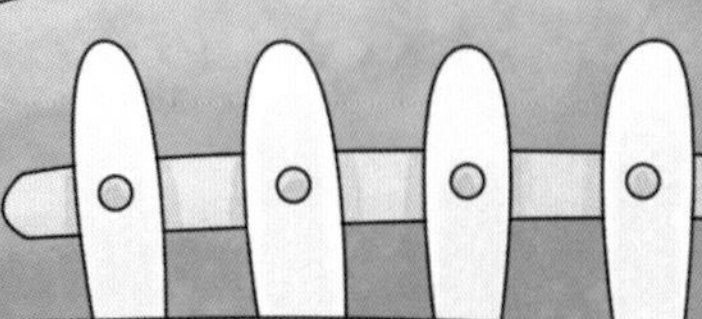

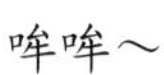

看图说故事（适合12～18个月的宝宝）

准备：妈妈可以给宝宝准备一些具有创造性的图画读物。

玩法：在创造性语言教育中，妈妈需要给宝宝创造出一个“想说、敢说”的环境。妈妈在和宝宝一起看图画时，可以先按情节顺序来看，然后再找出画中的主要角色，观察他们的形象、动作都是怎样的。如妈妈和宝宝一起看自己事前制作好的图片。首先，让宝宝按顺序看图片，然后问宝宝画面中都有什么？再问图片中讲的都是什么内容？最后让宝宝根据自己的想像说故事。虽然宝宝可能一个字都不认识，但是却看得懂画中的“故事”，不仅能使宝宝学到的知识，也能增强宝宝的表达能力。

目的：培养宝宝创造性思维，发展宝宝语言能力。

延伸练习：喵喵的一天

丁零零……闹钟响了，喵宝宝要去幼儿园了。起床后它都做了什么呢？

游戏心得：

让宝宝先尽量讲述出每幅图的意思，如：第一幅图的意思是“早晨，喵宝宝起床”。在能够说出完整句子的基础上，再让宝宝连贯讲述四幅图的意思。

宝宝购物（适合18～24个月的宝宝）

准备：采购篮。

玩法：宝宝在2岁左右，对事物的名称已经基本了解了，日常的会话也流利了很多。这时候你除了进行物品说名字这种训练方式外还可以带宝宝去超市，让宝宝在琳琅满目的商品中，指出他所认识的。当你抱着宝宝来到水果摊的时候，可以这样问："宝宝指一下，苹果在哪里？"这时候你的宝宝就会转动身子四下寻找。你也可以拿起几根香蕉，对宝宝说："这是什么水果呢"等加深难度的问题。

目的：锻炼宝宝对语言的理解。

心得：这是对先前词汇积累的一次复习，在复习的基础之上又加深了一些难度，重点放在宝宝对父母话语的理解上面，尽管宝宝的表达还不是很完善，但是理解能力可以帮助宝宝对妈妈提出的问题进行反馈。

延伸练习：宝宝的玩具店

宝宝的玩具店开业了，这里有许多好玩儿又有趣的玩具。小朋友，请你在兔子经理的带领下，边参观边说一说你看到了哪些玩具。

职业体验（适合18～24个月的宝宝）

准备：妈妈需要和爸爸一起进行游戏，分别担任：医生、护士、病人等角色。同时还要准备“道具”帽子。

玩法：父母在跟宝宝玩“医生病人”的游戏时，可以让宝宝任意挑选角色来扮演。例如：宝宝选择医生，妈妈选择护士，爸爸选择病人。有一天病人爸爸拖着发热的身体来医院就医，正好碰到善良的护士妈妈，由护士妈妈把病人爸爸带到医生宝宝的办公室。医生宝宝先询问了一下，再让病人爸爸量体温。等病人爸爸回来时，医生宝宝可以根据病人爸爸的体温和询问结果，再写下医嘱。

目的：游戏中的角色，能够很好地引起宝宝的兴趣，同时还能激发宝宝语言能力的发展。

延伸练习：跟我一起做

小朋友们准备好了吗？来和兔兔一起做运动吧！

伸伸手，抬抬头。

拍拍手，弯弯腰。

抬胳膊，挺起胸。

踢踢腿，抬抬脚。

放下手，直起腰。

每天运动身体好。

游戏心得：

宝宝能够通过朗诵儿歌，说出身体各部位的名称（头、胸、背、胳膊、手、脚、腿），再根据日常生活经验说出这些身体部位都有什么用处。

试着说说看（适合18～24个月的宝宝）

准备：一本生动、有趣的童话故事书。

玩法：妈妈可以每天在宝宝睡觉前给宝宝讲一个小故事，在讲故事的过程中语言最好能够声情并茂，在配合着肢体的动作，把故事讲得越形象越生动越好，让宝宝从听故事的过程中累积更多的词汇，理解更多词语的含义，对说话越来越感兴趣。

目的：提高宝宝对语言的兴趣，让宝宝喜欢读书。

心得：语言是掌握知识的最有利的手段，是进行思维活动最有效的工具，也是智力发展的一个重要标志，宝宝的语言能力正在这个阶段飞速地发展着，这就需要爸爸妈妈多为宝宝提供正确的、标准的语言环境，让宝宝从小就掌握到这些正确的语言，不让他在学习语言这条道路上走弯路。

延伸练习：龟兔赛跑

儿歌真有趣，请你找一找儿歌中都有哪些意思相反的词。

龟兔参加运动会，
大家一起来加油。
兔子跑得快，乌龟跑得慢，
兔子跑在前，乌龟爬在后。
小小乌龟紧紧追，
兔子骄傲跷脚睡。
醒来迟到真后悔，
乌龟高高把手挥。

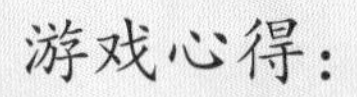

游戏心得：

结合《龟兔赛跑》的故事学说儿歌，在理解儿歌的过程中学习反义词（快—慢、前—后）。

数学，原来不枯燥

1～2岁的宝宝对数字的正确顺序有了记忆，在这个过程中，宝宝逐渐理解了数字的意义，继而能对简单的数学题进行运算。这一切都是自然而然形成的。

序列观念

宝宝要理解数序就必须首先明确序列观念。宝宝不是靠记忆对数序进行认识的，他们多是靠顺序关系和数差关系的协调进行理解和记忆的：每一个数都比后一个数少一，比前一个数多一。这种序列不是在简单的比较中得出来的，它赖于建立在无数次比较中的传递性的关系。不仅仅是直觉或感知，更是一种逻辑观念。

对应观念

对应观念在3岁半以后开始形成。本阶段有的宝宝已经初步建立了对应观念。懂得并且相信通过对应的方法确定等量是非常可靠的。要提醒父母们注意的是，懂得利用这种意义对应的手段来解决问题并不等于此时宝宝的头脑里建立了一一对应的逻辑观念。因为宝宝在没有具体的形象配合下，是不可能在头脑中进行一一对应的比较的。

类包含观念

宝宝在学习数数时，都要经历这样一个大致的阶段：宝宝虽然不能报出总数来，但是他能点数物体。即便有的宝宝知道最后一个数就是物体的总数（比如数到4就是4个），但是宝宝还未能理解总数的实际意义。假如父母让宝宝“拿出4个物体给我”，极有可能的是宝宝只把第4个拿过来。这一阶段被称为“罗列个体的阶段”，因为在宝宝的大脑里还没有形成整体、部分之间的包含关系。宝宝要真正理解数的意义，就要懂得数所表示的整体和个体。例如，8就包含了8个1，与此同时，每一个数同样都被它后面的数所包含。只有宝宝理解到数的包含关系才有可能进行熟练的运算。

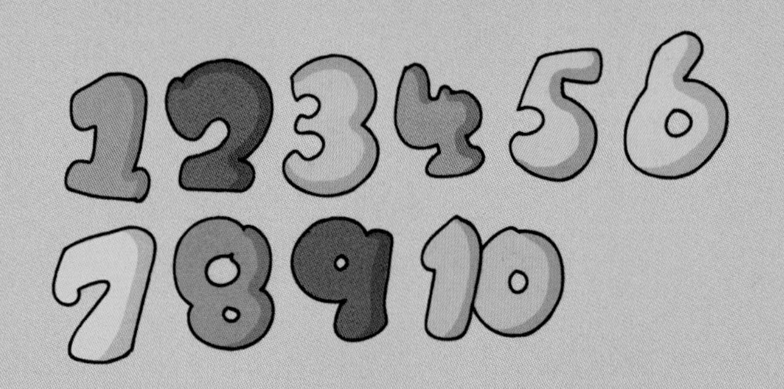

量一量（适合1.5～2岁的宝宝）

准备：粗线、勺子、杯子。

玩法：量东西不一定非要用尺子，一个度量衡的单位可以被任何东西充当。你可以放宝宝一脚做单位对房间的长度进行度量，看看这房间有几“脚”那么长。一个水杯可以装多少水也让不一定要用毫升来表示，给宝宝一个小勺子，让宝宝一匙一匙地把水杯装满，一边装一边计数。

目的：帮助宝宝在头脑里建立度量衡的概念。

心得：随意选取宝宝在生活中容易接触到的一些事物来进行“另类”的衡量，相信你的宝宝一定非常喜欢这种方式，在游戏的过程中，宝宝初步认识了度量衡，并在度量的过程中提高了计数的能力。

数玩具（适合18～24个月的宝宝）

准备：几种宝宝喜欢的玩具。

玩法：1.先把玩具给宝宝玩。2.待到宝宝不玩了以后，让宝宝将玩具收拾起来。3.妈妈在宝宝收拾时数玩具的数量，并协助宝宝将玩具归位放好。

目的：让宝宝知道数数的顺序，培养宝宝的数学智能。

心得：虽然宝宝要到3岁才能基本了解数的概念，但是，若是从2岁就对宝宝进行早期的数前教育，对宝宝以后的学习都是大有好处的。

延伸练习：数数有几个男孩和女孩

妈妈让宝宝数一数女孩和男孩的人数，并让宝宝说出自己的答案，看看对不对。

有几个女孩？

有几个男孩？

学会比较多少

（适合1.5～2岁的宝宝）

准备：一些糖果。

玩法：妈妈拿出一些糖果，将糖果分成两堆，一堆多一堆少，开始进行这种游戏的时候，两堆糖果的多少要尽量明显一些，让宝宝分清哪堆比较多，哪堆比较少，让宝宝进行大小、多少的比较。

目的：在日常生活中，让宝宝来比较爸爸妈妈的高矮，分辨食物的冷热，区别男和女等。

延伸练习：比较多少

小朋友把每组图中左边和右边的图案一对一地连起来，再比较两边的数量，告诉妈妈哪边多？

配对 （适合18～24个月的宝宝）

准备：妈妈可以准备蓝色、绿色、黄色等不同颜色的小球若干。

玩法：妈妈可以任意先取出一种颜色的小球，然后让宝宝挑选出颜色一样的小球，进行配对。如果家里有两个或两个以上的宝宝，妈妈也可以用同样的方式训练宝宝的逻辑思维能力，只不过游戏的名字就要改成“看谁拿得对”。这样也可以促进宝宝的时间紧迫感。

目的：通过让宝宝参与游戏，培养他的思逻辑维能力。

心得：游戏的道具也可以换成颜色相同但形状不同的物体。这样不仅能锻炼宝宝的分类、配对能力，也能提高宝宝的逻辑思维能力。如果将小球换成扑克牌也是可以起到一样的作用，妈妈可以让宝宝根据花色的形状来进行分配，如方块和红心一组，或是按红色和黑色来进行分配。这是一种非常有效的学习方法，对提高宝宝的逻辑思维能力和观察能力都是一个不错的途径。

延伸练习：找出相关的东西

下列情境中，小朋友需要什么东西呢？在最下面的图中找出需要的东西。

为2岁宝宝营造艺术气息的氛围

◆ 艺术气质

多带宝宝去看看童话剧、听听儿童音乐会，或者去儿童画展欣赏其他小朋友的作品等等，在活动的过程中，让宝宝尽情地去品味艺术的魅力，参加的艺术活动多了，长时间的耳濡目染，会潜移默化地把宝宝培养得具有艺术气质。

◆ 兴趣爱好

培养宝宝任意一种兴趣，比如画画、舞蹈、乐器等，并要求宝宝积极地参加艺术活动。最开始，请你不要责备宝宝把事情搞得一团糟，在这个过程中，宝宝渐渐地就能找到艺术感觉，可以慢慢地发现美并出色地将这种美表达出来。

◆ 音乐修养

平时你可以和宝宝一起学唱一首儿童歌曲，或者播放大自然音乐或古典音乐给宝宝听，这些都能使宝宝感受到音乐之美。

◆ 艺术想象

线条清晰、形象生动、色彩协调的美术作品，对锻炼宝宝的视觉、观察力和艺术想象力是非常有帮助的。而一些简单的泥工、绘画、纸工、手工、玩具制作等等与美术有关的技能，则可以很好地培养宝宝的美术兴趣并激发创造力。

◆ 舞蹈知识

要加强宝宝对体形美的认识，并且增加其韵律感，舞蹈无疑是最佳的选择。舞蹈活动的进行要求优美的动作，富有情感的表情和完美的节奏感，一般情况下舞蹈经常与光和音乐相结合，给人以强烈而直观的视觉感受。家长应多带宝宝欣赏歌舞晚会，陪伴宝宝看舞蹈节目，并将丰富的舞蹈知识传授给他。

◆ 走进自然

和宝宝一起亲近自然。空闲的时候多带宝宝外出走走，使宝宝有机会感受不同风格的文化、艺术和建筑之美，这对培养宝宝的艺术修养都是最佳途径。

在音乐中涂鸦（适合12～24个月的宝宝）

准备：画纸、多色的颜料、画板、儿童歌曲。

玩法：妈妈播放一首儿儿童歌曲，然后把一张大的画纸平铺在地板上，接着再在宝宝的脚心涂上颜料；一开始，妈妈先拉着宝宝的小手让宝宝用心去感受音乐的节奏，并开始在纸上舞蹈；继而根据音乐的改变加入更多的颜色，让宝宝自由自在地在画纸上起舞，做出美丽的图画。

目的：让宝宝全身心地去感受音乐。

心得：做游戏的时候，妈妈要充分考虑宝宝身体的平衡能力，若宝宝站得还不是很稳的话，就需要你在一旁辅助。

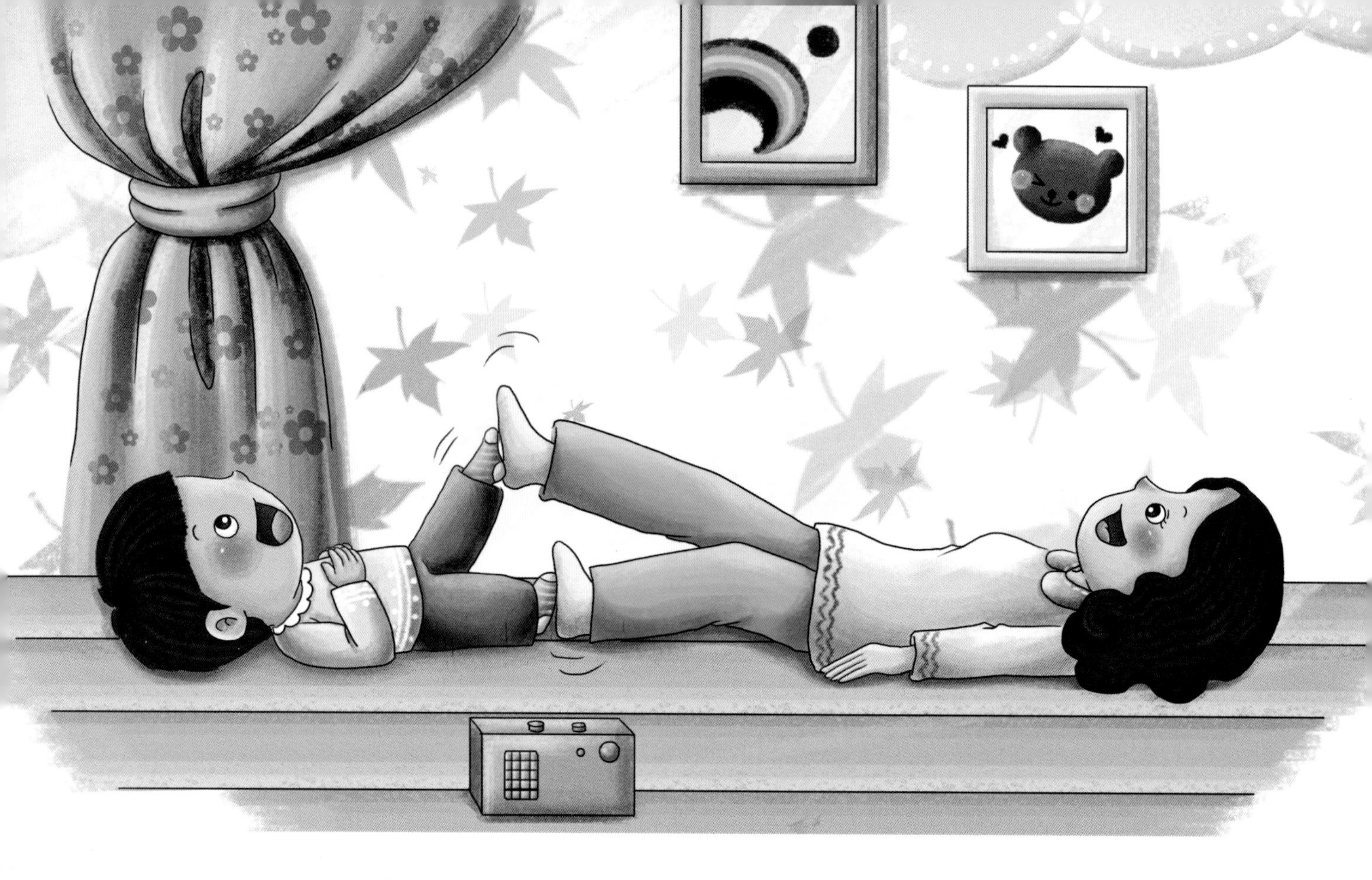

音乐三轮车（适合12～24个月的宝宝）

准备：音乐CD、干净的地板。

玩法：随机播放一张音乐CD，妈妈和宝宝平躺在干净的地板上，妈妈的脚心贴着宝宝的脚心，开始的时候妈妈主导力量，跟随音乐节奏不停地运动双腿；在宝宝熟悉游戏以后，妈妈逐渐把主动权交到宝宝身上，让宝宝来掌握游戏的节奏。

目的：锻炼宝宝对音乐节奏的掌握。

心得：本游戏需要宝宝平躺在地板上，这就要求做游戏之前宝宝应尽量平静，不要太兴奋，如果太兴奋的话，宝宝就不会乖乖地躺着和妈妈一起做游戏了。在吃饱以后也不要进行此游戏，以防宝宝发生呕吐的情况。

延伸练习：妈妈唱，宝宝听

下面这首打鼓的童谣，妈妈要唱给宝宝听，同时赋予表情和动作。

咚咚咚咚咚，
小兔学打鼓。
小鼓气呼呼，
瞪眼问小兔：
打我几声鼓？
小兔忙回答：
一二三四五。

音乐演奏会（适合18～24个月的宝宝）

准备：CD播放器、CD等。

玩法：在游戏开始前，要确保环境安静，没有任何杂音，保证宝宝可以集中精神，清醒地听到单一的音乐声，学习把专注力凝聚。妈妈挑选一些小提琴、喇叭、钢琴等乐器的独奏曲，每次只让宝宝听其中的一种乐器；一面播放一面告诉宝宝是什么乐器的声音，还要让宝宝模仿一下该种乐器演奏的动作。

目的：有助提高宝宝的听觉辨别能力。

心得：宝宝的学习可以很专注，但也很短暂，假如你发现宝宝对本游戏很感兴趣的时候，可以适当增加游戏的难度，比如同时听两种乐器演奏的声音。并分别模仿弹奏乐器的动作，宝宝也会觉得乐趣无穷。

循声找图（适合18～24个月的宝宝）

准备：图片、录音带、录音机。

玩法：首先妈妈用录音机录取几种小动物的叫声。例如：小猫、小狗、小鸡、小鸭、小羊等；按照每种小动物的声音准备相应的图片，让宝宝仔细聆听每一种动物的叫声，并依据听到的声音，说出相应的小动物的名字，并找到那种小动物的图片。

目的：增加宝宝对声音的敏感度。

心得：声音、图像都是信息，联系两者，让宝宝找到他们的共同之处，提高宝宝对声音的辨别能力。

怎样帮助宝宝开始社交

教宝宝使用礼貌用语

谦虚、懂礼貌的宝宝在交往活动中能更好地适应。教宝宝打招呼、接电话时的礼貌用语，以及如何问路、回答别人的问题等等。当宝宝在任何场合下都能很好地使用礼貌用语，且在收到对方良好的反馈信息以后，就会大大地增强宝宝的自信心。

带宝宝到处走走

旅游能扩大宝宝的活动范围，同时扩展宝宝的交往范围，增加交往对象。同时，在旅游的过程中，也便于宝宝对各种各文化和民俗风情的了解。

打电话（适合18～24个月的宝宝）

准备：玩具电话、手机两部。

玩法：妈妈用手按玩具电话的键盘，使电话发出“铃铃铃”的响声，让宝宝拿起另一个电话开始与妈妈对话。妈妈宝宝对话的内容可以随意编造。在打电话时让宝宝注意礼貌用语，如“你好”“对不起”“再见”等。本轮游戏结束后，宝宝和妈妈交换位置，妈妈接电话宝宝打电话，并且要对打电话的内容进行更换。

目的：提高宝宝的语言和社交能力。

心得：在宝宝和你进行电话游戏的时候，口头表达能力就提高了。口头表达能力是在一次次的日常对话中逐渐发展起来的，多进行打电话的游戏，增加宝宝说话的机会，表达能力自然而然地就提高了。

听听我是谁（适合18～24个月的宝宝）

准备：爸爸、妈妈、爷爷、奶奶的录音。

玩法：妈妈可以给宝宝播放家人的录音，一段一段地播放，如“宝宝你好，听得出来我是谁吗？”然后问宝宝这是谁在说话，让宝宝说出称呼。依次播放录音，可以说不同的问话，然后让宝宝说出这是谁。

目的：激发宝宝的听觉潜能，让宝宝了解家庭成员的声音，促进宝宝人际交往智能发展。

心得：当宝宝猜对是谁说话后，妈妈一定要夸奖宝宝。这不仅能训练宝宝的语言能力，还能训练宝宝称呼他人的能力，这样宝宝在外面就能熟练地称呼他人，并且不会对说话产生抵触心理。

医生阿姨和护士姐姐（适合18～24个月的宝宝）

准备：玩具娃娃、白色的衣服、听诊器等玩具。

玩法：家长和宝宝都换上白色的衣服，宝宝做医生，家长来做护士；假如玩具娃娃病了，医生就要为娃娃仔细地做检查，再由护士来进行细心地看护；让宝宝充分懂得护士和医生的职业特点和内容，还可以邀请几个很熟悉的宝宝来到家中，共同来做本游戏。每一轮游戏完成的时候，大家可以交换扮演不同的角色。

心得：通过游戏，宝宝既掌握了相关的交往能力，还能在一起游戏的过程中，学会解决诸如角色分配、工作安排等一系列较为复杂的问题。

问路 （适合24～36个月的宝宝）

准备：路标、地图等。

玩法：由宝宝来扮演迷路的人，妈妈做路上的清洁工阿姨。宝宝走到清洁工阿姨身边，并有礼貌地询问："阿姨，你知道动物园在哪里吗？"于是妈妈开始指给宝宝去动物园的路，宝宝明白了妈妈的描述，并感谢妈妈为其指路，表达自己的谢意后告别。

目的：学习在需要帮助时的礼貌用语。

心得：通过问路的游戏，让宝宝充分理解大人的话语所表达的具体内容，在进行游戏的时候要注意礼貌用语的使用，妈妈和宝宝还可以交换角色进行游戏。

结识新朋友（适合18～24个月的宝宝）

准备：小礼物、玩具等。

玩法：爸爸妈妈都来扮演在游乐场玩耍的小朋友，这时候你的宝宝也在游乐场里，宝宝想认识新的小朋友。于是走到爸爸身边，说：“你好，我叫XX，我们可以做好朋友吗？”爸爸回应宝宝：“我叫XX，很高兴认识你。”接下来宝宝再找妈妈做朋友。之后全家人一起唱《找朋友》，还可以边唱边进行动作表演。认识了新朋友了，宝宝把事先准备好的礼物给小朋友，进行礼物的互换，对新朋友的到来表示欢迎和喜爱。宝宝在回家之前，要记得对新朋友说再见，紧接着邀请小朋友到家里做客。

目的：让宝宝了解并掌握结交新朋友的礼仪和方式。

心得：这个游戏也是过家家游戏的一种，在游戏中宝宝学习到了结交新朋友的方式和方法，并懂得了用文明、礼貌的方式进行人际交往。

第四章
适合2～3岁宝宝的亲子游戏

运动能力的发展关键期

3岁的贝贝更喜欢进行一些全身运动，如滑滑梯、荡秋千、骑童车、拍皮球等。

解、系扣子发展精细动作能力

宝宝的手指逐渐灵活，就要学习自己解、系扣子。宝宝学习解、系扣子的时候，可以很好地发展宝宝的精细动作能力。

解扣子的方法：先把扣子放进扣眼，再把多半边也塞进去，就可以解开扣子。

系扣子的方法：先把少半边扣子放进扣眼，再从衣服外面把整个扣子拿出来。

可先训练宝宝解、系胸前较大的扣子，熟练后再练习解、系较小的衬衫扣子等。

学用剪刀灵活运用手指

宝宝的五指已完全分化，抓握实物已经不成问题，并且可以做示指与拇指的对捏动作。一般在宝宝3岁的时候就已具备学习使用剪刀的能力了。宝宝通过对使用剪刀的学习，可以进一步练习和巩固手指运动的灵活性和协调性。

在教宝宝学用剪刀的过程中，家长必须给宝宝准备儿童专用的剪刀，并告诉宝宝正确的使用方法：让宝宝将右手的拇指放在剪刀的一侧手柄中，中指和示指同时放入另一侧手柄中，剪尖朝前。

多做家庭游戏，轻松开发运动智能

身体运动智能主要由两大部分构成：一是手的运动，即小肌肉运动；二是躯体和下肢运动，即大肌肉运动。宝宝2岁以后，会做的各种动作逐渐多了起来，不再局限于简单的敲敲打打。2～3岁的宝宝已经能根据物体的特点和功用，熟练灵活地运用物体，并且已经能够把物体当做“工具”来用，比如：用蜡笔涂鸦，用匙子吃饭。

宝宝3岁以后，逐渐练习自己洗手、系扣子、用筷子吃饭，此外，宝宝还能进行绘画、搭积木等活动。这一年龄是人的一生中开始使用“工具”的年龄。

宝宝会倒水（适合24～30个月的宝宝）

准备：托盘1个，透明杯子2个，小毛巾1块，海绵1块。

玩法：妈妈将物品准备好后就可以让宝宝自己操作，先让宝宝用杯子到水龙头处接半杯水，放到托盘上，然后用右手拿起装有水的杯子，左手扶住空杯，把水倒进去，当练习完之后，让宝宝将水倒入水池，用海绵将托盘中的水吸干净，再用小毛巾将托盘擦干，引导宝宝将物品放回原处。

目的：训练宝宝的小肌肉与手眼协调的能力，培养宝宝做事认真的习惯。

心得：想要宝宝掌握日常生活的能力，就需要爸爸妈妈给宝宝提供自己动手做事的机会，不要有关宝宝的什么事情都亲力亲为，要让宝宝自己动手去做，这样才能让宝宝掌握这种能力，适时地鼓励还能让宝宝将这种能力变为习惯，从而让宝宝养成这种良好的习惯。

学穿衣（适合24～30个月的宝宝）

准备：一件前面有大片图案的套头衫。

玩法：让宝宝分清套头衫的前后面，告诉宝宝有图案的是正面，没有图案的是反面，然后给宝宝示范穿套头衫的过程，教宝宝先把头钻进领口，然后再分别把左右手伸进袖子里，最后再把衣服往下一拉就完成了。接着就可以让宝宝自己练习，妈妈可以在一旁为宝宝做指导，如果宝宝无法将头或是手伸出来，就可以帮宝宝一把。

目的：让宝宝学会穿套头衫，学会自己照顾自己。

心得：在日常生活中，很多妈妈在照顾宝宝的时候怕麻烦，就什么事情都不让宝宝来做，比如穿衣服，当宝宝有想要自己穿衣服的愿望时，妈妈总嫌宝宝穿得不好或时间过长，因此就不让宝宝动手，还总是觉得宝宝碍手碍脚的，这是不正确的。妈妈一定不能打消宝宝对穿衣学习的积极性，当宝宝想要自己动手时，就让他自己来做，并在这个过程中教会他穿衣的技巧，让宝宝掌握更多的技能，从而建立宝宝的自信心。

火车钻山洞（适合24～30个月的宝宝）

准备：大纸箱2个、竹竿2根、床单等。

玩法：家长可以把家里买回来的空调或电视，或者其他大件物品的包装箱擦拭干净，把上下两底剪开，注意不要有棱角，再把两只纸箱子相隔一定距离放好，在上面搭上竹竿和床单，然后宝宝和家长一起从箱子和床单下面钻过去。还可以边玩边模仿火车的动作和声音。

目的：使宝宝大肌肉运动的能力得到锻炼。

心得：在进行游戏的过程中，家长要注意宝宝的安全，纸箱的容积最好大一些。为防止宝宝着凉也可在地毯垫子上面进行游戏。

神秘袋子（适合24～30个月的宝宝）

准备：布袋1个（或纸巾盒）、玩具、水果、糖果等。

玩法：妈妈往布袋里放一些糖果、水果、玩具等，让宝宝把手伸进去摸，并要求宝宝在把物品拿出来之前说出此物品的名称。也可对宝宝发布指令，请宝宝按指令拿出东西来。对稍大一点的宝宝，可以给他否定形式的指令，如："宝宝把不可以吃的东西拿出来""宝宝把不是三角形的东西拿出来"等等。同时为了增加游戏的趣味性，还可以使用某些奖励的方法，比如：拿对了水果，就把水果奖励给宝宝吃；拿错的话，水果就归妈妈等。

目的：通过游戏刺激宝宝的身体运动智能发展，尤其是手的灵活性。

心得：在进行游戏的时候，不要把过于尖锐的物品放进袋子里，以免扎伤宝宝柔嫩的小手。家长也不要急于追求游戏的成果而对宝宝横加指责，这样不利于宝宝的进步，家长要耐心地对宝宝进行鼓励，帮助宝宝进步。

让气球飞起来（适合30～36个月的宝宝）

准备：吹好的大气球若干个。

玩法：爸爸妈妈与宝宝每人一个吹好了的大气球，家长告诉宝宝比赛的规则，每个人设法让自己的气球一直在空中飘浮，不可以掉落。在这个过程中，家长和宝宝可以使用手推或头顶的方式，看谁的气球在空中停留的时间长，停留时间最长的一方获胜。

目的：锻炼宝宝的全身肌肉协调性以及运动能力。

心得：在没有风的时候，本游戏最好在室外玩，如果在室内进行游戏，就要保证有足够大的空间，在游戏的过程中也不要在周围放置易碎物品。

不倒翁（适合30～36个月的宝宝）

准备：不倒翁1个。

玩法：家长先为宝宝展示一个新的玩具——不倒翁。让宝宝先对不倒翁进行观察，让宝宝充分了解不倒翁的特点，无论怎样推它都不会倒。让宝宝学不倒翁站好，手不能扶东西，家长在宝宝身旁，一只手从后面推宝宝，另一只手在前方保护，以防宝宝向前摔倒。按照上述方法，向前、后、左、右等方位轻轻推宝宝。

目的：加强宝宝的平衡能力。

心得：玩不倒翁游戏时，如宝宝没有摔倒，家长可以抱起宝宝高高举起，或者给宝宝一些小的奖品表示鼓励。

3岁宝宝的语言培养不容忽视

不知你有没有发现，当宝宝在搭积木的时候，就会一边玩一边高兴地说："我要建一栋漂亮的大高楼，这个是大门，门里面还有个大大的滑梯，滑梯是给宝宝坐的……"他会边说边玩，这就是因为宝宝到了以外部语言为主的年龄。

如果你发现宝宝在边玩边说，自言自语，不要怀疑宝宝是不是生病了，这是从内部语言向外部语言过渡的一种形式，是宝宝语言发展过程中必须经历的一个阶段。宝宝在玩玩具时自言自语是一种自我指导的现象，在玩的过程中，宝宝会给自己下口头的指令，然后再根据这个指令来完成手上的智力游戏。也可以说，宝宝的自演自说是在运用语言来指导自己如何正确地解决问题。

◆建议一：不要干涉宝宝的自言自语

若是家长制止宝宝自言自语，这将不利于宝宝正常的心理发育与语言能力的发展。在宝宝自言自语时，家长可以给宝宝正确的引导，宝宝就会很快地将外部语言转化为内部语言，使宝宝的语言得以快速、健康地发展。

◆建议二：引导宝宝仔细听别人说话

当宝宝有了一定的语言基础后，就学会了倾听别人说话并开始模仿，会从中吸取许多有关语言方面的知识，这样他的语言能力就会逐渐地增强。

年龄较小的宝宝自控能力很弱，他们会想做什么就做什么，很少去听别人在说些什么，为了提高宝宝的语言能力，家长就应该让宝宝学会仔细地倾听别人的谈话，提高宝宝倾听的技能。

◆建议三：多和宝宝自由地交谈

家长亲切、自由地与宝宝进行交谈，也是增强宝宝口语表达能力的一种有效方法。家长可以结合宝宝的年龄，然后在对话中进行正确的引导，做出恰当的评价，可以多说一些单音节的词语让宝宝学习、模仿。

等宝宝可以说一些词语后，家长就可以耐心地教宝宝说一些长句，逐步地发展宝宝的语言能力。

1.带宝宝走出家门去超市、动物园、公园，从多种场合观察、体验、丰富和充实其经验，增加学习和表达的愿望。

2.让宝宝听儿童广播、看儿童电视，形成亲子共读的图书环境，可使他在学习、欣赏文学语言的同时，激发表达的愿望，发展其语言智能。

我的照片（适合24～30个月的宝宝）

准备：相册、玩具熊。

玩法：妈妈可以给宝宝拿出从出生时就一直在“吃”的相册。要求宝宝给玩具熊讲述一下相片中的情况，如时间、地点、在干什么、照片里都有什么人、他们都是什么关系等等。

目的：能更好地训练宝宝的语言表达能力。

心得：每个宝宝都有自己的成长相册，一张张照片定格了很多美好的记忆，传递着快乐。那既是生活的足迹同时也是宝宝的成长印证。翻开了相册，我们欣喜：宝宝的第一次哭，第一次过生日，第一次走路……那些记忆被胶片浓缩成了一个个故事，令宝宝兴奋不已，原来故事的主人公正是自己。

延伸练习：在哪里

小朋友，请你说一说小动物们在什么地方？正在做什么？

自我介绍（适合24~30个月的宝宝）

准备：玩具猫、玩具狗、玩具熊。

玩法：爸爸手拿玩具熊，模仿熊的声音说：“我是一只熊，全身毛茸茸，爱喝蜂蜜甜兮兮。”接着妈妈自我介绍：“我的名字叫×××，小小的个子，尖尖的脸，爱吃蛋糕和牛奶。”告诉宝宝在进行自我介绍的时候，先说出自己的名字和体貌特征，最后说出自己的爱好。让宝宝给妈妈介绍他所熟悉的玩具狗，先以提问的方式开始：“这个叫小狗，它的眼睛是什么颜色的？毛又是什么颜色？”由家长来帮助宝宝进行表达，最后让宝宝完整地复述一遍。再进行自我介绍：“我叫×××，圆圆的脸，小小的头，我爱看书和画画。”父母可以根据宝宝的描述，为宝宝画像，这样就能很好地引起宝宝的兴趣。还可以任意给宝宝一样物品，再用提问的方式帮助宝宝熟悉用词，如：“它叫什么？是什么形状的？什么颜色？它的用途是什么？”让宝宝对物体的基本特征进行描绘。

目的：锻炼宝宝的语言能力，培养其人际交往能力。

心得：训练宝宝学会自我介绍，锻炼宝宝的语言表达能力。在教导宝宝做自我介绍时，要先让宝宝知道自我介绍的顺序，然后再告诉他内容，随着宝宝年龄的增长，可以逐渐增加难度。

延伸练习：猜一猜

小狗、小猴、小猫可能要去做什么呢？请你用线把小动物与它们要做的事情连起来。

猜猜它的用处（适合30～36个月的宝宝）

准备：餐具，动物模型，衣服，场景图片（厨房、服装店、动物园）。

玩法：妈妈先将准备好的餐具、动物模型、衣服都散放在地上，然后说出一些物品的性能，让宝宝找出并说出名称，比如“宝宝在吃饭的时候就是拿它在吃饭，它是什么呢？”宝宝就会在餐具中找到匙子，并说出名称。然后，将你准备好的场景图片给宝宝看，并向他解释这些都是什么场景，等宝宝理解后，就让宝宝将散放在地上的物品按照场景进行分类。

目的：提高宝宝对语言的理解能力。

心得：宝宝正处在语言能力快速发展的时期，爸爸妈妈不仅要让宝宝学会说话，还要让宝宝注意倾听别人说的话，提高宝宝的理解能力，逐渐让宝宝理解日常用语，清楚地说出自己想要说的事情。当宝宝说错话的时候，爸爸妈妈也不要嘲笑或是指责宝宝，要正确地引导宝宝把话说得正确、标准。

延伸练习：它们想说什么

小朋友，下面这几个小动物在做什么？想一想，它们想说什么呢？

游戏心得：

妈妈指导宝宝根据图片进行较连贯地讲述，使宝宝学会在特定场合中表达自己的感受。

动物口令

（适合24～36个月的宝宝）

准备：动物卡片。

玩法：妈妈拿出事先准备好的动物卡片，每说到一个动物的时候，宝宝就要做那个动物的标志性动作，同时嘴里也要念念有词，像小白兔，宝宝一边蹦蹦跳跳，一边说："小白兔，白又白，两只耳朵竖起来……"依照这种形式，妈妈一个口令，宝宝就要根据口令做出相应的动作。

目的：这个游戏可帮助宝宝提高阅读句子的能力与模仿动物典型特征的能力，同时还能提高语言表达能力。

心得：当宝宝熟悉了这个游戏的过程以后，宝宝就可以自己编一些口令，然后，妈妈和宝宝一起进行比赛。这个卡片百宝箱可以随时补充，宝宝可以将自己喜欢的事物或者有疑问的问题都写进去，当然妈妈也可以补充，游戏可以采用竞赛的形式，保证又好玩、又刺激。2～3岁这个阶段正是宝宝发挥语言能力的时候，他们逐渐地从5个单字的句子迈向10个单字的句子，而且发音也越来越清晰。

延伸练习：可爱的小动物

小朋友，图中有哪些小动物？它们各有几只？

3岁宝宝的“数前教育”

3岁的宝宝基本上已经了解了数的概念，但是，若从2岁起就开始进行早期数前教育，那么对宝宝以后的学习是大有好处的。数学教育的基础便是数前教育，良好的数前教育能帮助宝宝更好地理解数字概念。

数前教育是在宝宝学习认数、计数、掌握原始的数概念之前，家长为宝宝组织的初步数学教育活动。要对宝宝进行数前教育可从以下几个方面着手：

◆ 观察

2岁后，当宝宝的记忆、注意、语言和思维进一步发展的时候，宝宝观察的范围也随之扩大了，他们已经能够同时对两种或两种以上的物体特性进行观察了，注意力集中的时间也较为持久，但进行观察的目的性仍不明确，易被无关的事物分散。因此，父母要引导宝宝多进行观察，以提高宝宝观察的准确性和目的性。观察能力是后期比较、分类、配对、排序的基础。在生活中父母可以随意地问宝宝：“这是什么颜色的？”“这是什么形状的？”“这是什么？”等问题，这样就可以引导宝宝进行观察，也可以利用简单的拼图和镶嵌板来对宝宝的观察能力进行培养。

◆ 比较

比较是进行思维的基本过程之一，宝宝认知能力的发展主要体现在比较上面。如：妈妈比爸爸瘦，宝宝比妈妈瘦，宝宝没有妈妈高，苹果比西瓜小，3个蛋糕比1个蛋糕多等。宝宝所进行的比较主要表现在对事物外部特征的认识和辨别上，让宝宝把两个事物放在一起真正地比较一下，就可以加深理解的程度。

◆ 配对

配对属于比较的形式之一，宝宝对数的理解应掌握的一个基本要求。最开始进行训练的时候，只给宝宝出示两对。等宝宝基本掌握了配对的方法后，再逐渐增加到三对、四对，并逐渐缩小被比较对象之间的差距。在以后的训练中，还可以逐渐加大难度，可以让宝宝对图片、符号进行配对。

排序

排序是较高水平的比较，是对两个以上的物体按照某种要求所进行的顺序排列活动。例如，从高到矮，从粗到细，从大到小等。开始教宝宝进行排序的时候，所用的东西最好不超过5个，选择3个为佳，被比较对象之间的差异要明显。套杯、套娃都是很好的教学材料。

分类

分类能力是发展数概念的最基本的能力，是指宝宝可以按物体的共同特征对物体进行归纳和分类。宝宝还很小的时候就已经具有了分类的能力，分类是日常活动中重要组成部分。宝宝所进行的分类活动可以按照物体的形状、大小、颜色等特征，进行最初的分类训练，可以先依据物体的颜色来进行分类，因为颜色是最容易被宝宝感知的物体特性。比如，让宝宝把绿色的小球放到红色的盒子里，把红色的小球放到绿色的盒子里，或者把小熊放到小筐里，大熊放到大筐里。

一一对应

生活中练习一一对应的机会有很多。例如吃饭的时候，每个人需要一双筷子、一个碗，让宝宝来帮助妈妈发筷子、发碗；给每个人一块蛋糕；给每个小朋友送一朵花等。

相等化

在相等化里充分体现了合成和分解的思想。1个苹果，再放上几个苹果就和2个苹果一样多？这块积木，放在哪里就和那块积木一样高了？这本书，再在上面加上哪本书就和那本书一样厚了？这一类问题的提出，都可以帮助宝宝对相等化的概念进行理解。

形式排列

形式排列是识别形式、理解数学的基础，也是数学的基本主题。例如，可以把珠子串成一个绿的、两个红的；一个绿的、两个红的……把积木摆成三角形、圆形、正方形；三角形、圆形、正方形……然后再和宝宝讨论这些珠子或者积木是怎样排列的，让宝宝模仿这种形式进行重复排列，熟练后宝宝自己就可以设计排列形式。

加减运算（适合24～36个月的宝宝）

准备：1到100的数字卡片，樱桃。

玩法：这个游戏的进行，可能有些难度，因为宝宝接触的时间不是很长。这个游戏需要先教宝宝简单的加减运算，可以先从1～10开始，在先前的游戏中，宝宝已经能够熟练地掌握0～20的数字，所以加减的运算可以开始接触了。妈妈可以用实物来教宝宝认识数字的加减，如“道具”中的樱桃（樱桃个头小，好计算，容易进行多位数的加减法）。1+1=2，表示的是，一个樱桃加一个樱桃就是两个樱桃。如此类推……10以内的加减法就能很好地让宝宝掌握，所以妈妈需要更细心地培养宝宝。

目的：通过游戏的进行，教会宝宝数学逻辑智能，提高逻辑推理能力。

心得：学过一段时间的数学计算，宝宝就会将学会的东西应用到生活中，如“今天做了几道菜”“妈妈吃了几个水饺”等。妈妈不要太心急，要让宝宝消化一下，因为他的年纪毕竟还很小。

延伸练习：数的分解

仔细看图，把相应的数字写在下面。

一共有（　　）只瓢虫？

树叶上有（　　）只瓢虫？

地上有（　　）只瓢虫？

异与同（适合24～36个月的宝宝）

准备：书籍、玩具等。

玩法：1.首先，妈妈在一堆相同的物品中，放置一件不同的物品，如在一堆香蕉中放置一个苹果。

2.要求宝宝取出不一样的东西。

3.当宝宝取出这样东西的时候，让宝宝试着说明拿出这个东西的原因。

4.妈妈在聆听完宝宝的理由时，要适当地加以引导，让宝宝清楚地了解“异”、“同”的概念。

目的：通过游戏，训练宝宝观察物品的相同点和不同点，熟悉“分类”的概念。

心得：妈妈还可以根据宝宝的实际情况来增加游戏的难度。如在一堆橙子当中放一个橘子，让宝宝练习分辨细微的差别，同时也可以让他了解橙子、橘子虽然形状、颜色相同，但是表皮的粗糙程度是不同的，同样是水果，有共同点也有不同点。

延伸练习：找不同

仔细观察下面的物品，其中有一样和其他物品的用途不同，请小朋友把物品找出来。

配对颜色（适合24～36个月的宝宝）

准备：色彩笔、蜡笔、白纸。

玩法：1.首先，妈妈可以在白纸上涂画出红、黄、蓝等几种颜色，做一下示范。

2.然后，让宝宝拿出相同颜色的蜡笔或彩色笔。

3.再要求宝宝将笔放在相应的颜色下面。如果宝宝没有放对，可以让宝宝用他找出的笔画出颜色，观察、对比妈妈画的颜色，然后再重新找一次。

目的：让宝宝通过游戏中的操作方法，思考颜色和笔的关系，观察共同点，学习配对的能力，同时提高逻辑推理能力。

心得：这个游戏能很好地锻炼宝宝的逻辑推理能力，同时强化对颜色的对比性，了解颜色的差别。

延伸练习：了解颜色的规律

以下三种颜色的珠子按一定的顺序串在一起，空白的地方应该是什么颜色的珠子呢？请小朋友涂上正确的颜色。

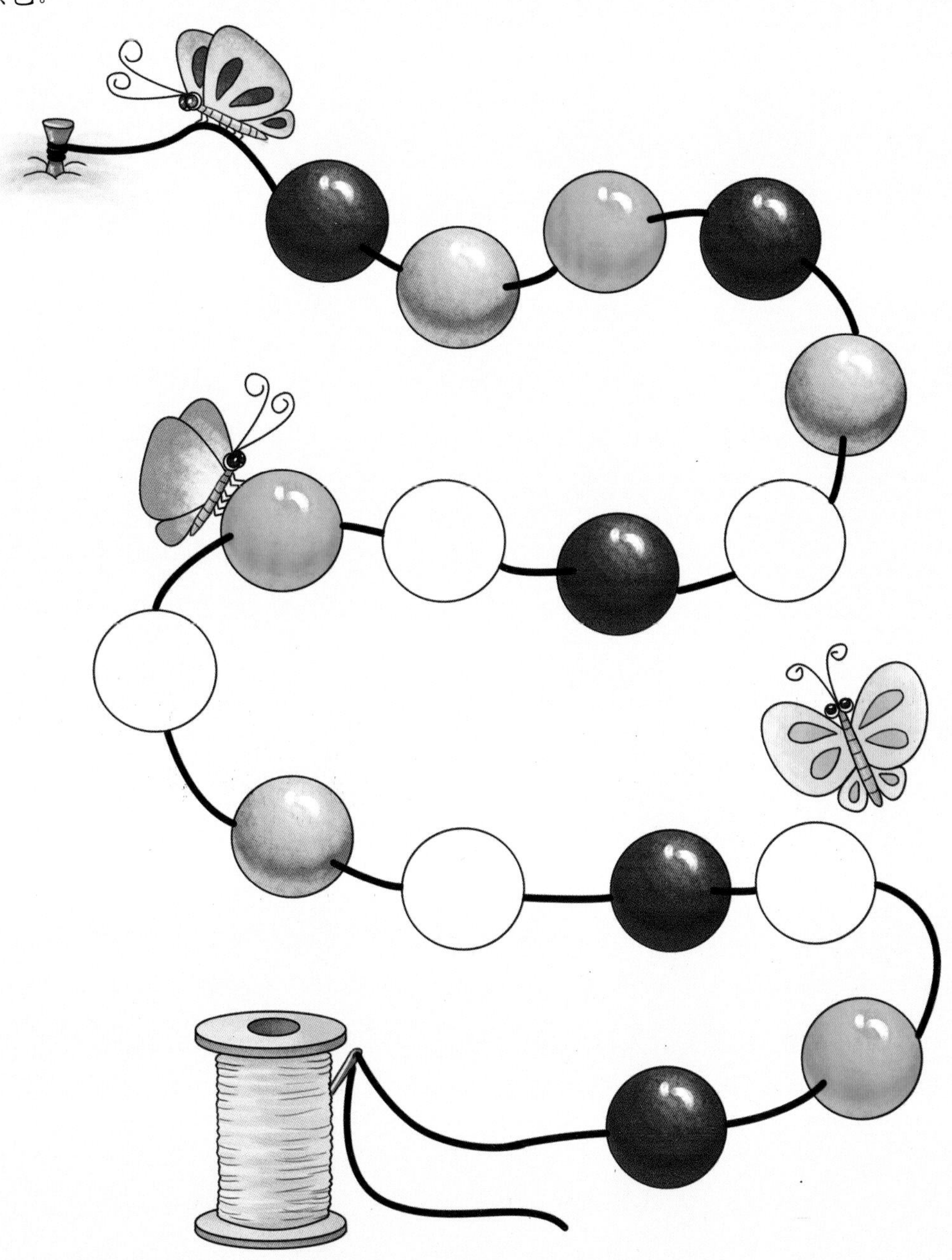

积木的分类（适合24～30个月的宝宝）

准备：不同颜色和形状的积木。

玩法：1.首先，妈妈可以将各种颜色和形状的积木散落在桌子上。

2.然后，让宝宝对积木进行分类，可以根据自己平时对颜色和形状的认识进行分类。游戏开始的时候，妈妈就开始计时，当宝宝把全部积木分类完毕的时候，看看用时多长时间。

目的：让宝宝通过游戏，学习按颜色和形状分类的能力。

心得：妈妈需要注意，对于这个阶段的宝宝而言，他已经长“大”了，就不应该放在床上玩玩具，一定要摆放在桌子上玩。对于那些能力强的宝宝而言，妈妈可以增加游戏的难度来训练宝宝，如增加积木的颜色或增加积木的形状等等。

延伸练习：了解形状的规律

找出每组图的规律，说出空白处应该是什么图案。

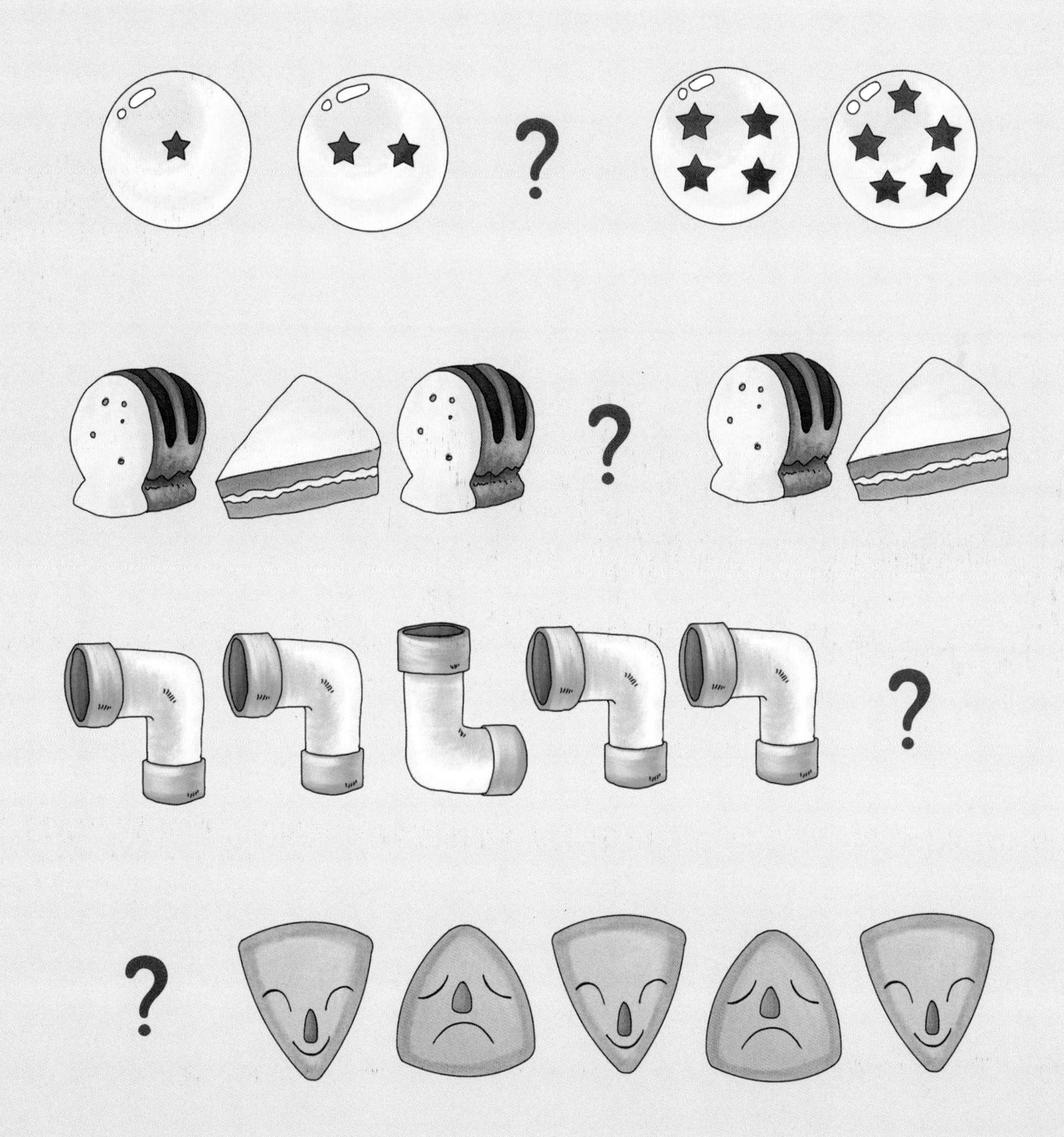

寻宝（适合24～36个月的宝宝）

准备：图片、塑料球、一些日常用品、塑料充气球池。

玩法：1.当宝宝进入球池的时候，可以将球慢慢地倒入池中，让宝宝逐渐地体会身体被覆盖的感觉，体会“消失”“存在”的概念。

2.然后妈妈将一个物品扔入池中，让宝宝寻找出来。

3.当宝宝完成上面的事情时，妈妈可以多放一些物品，然后配合着图片，让宝宝在池子里找出相应的物品。

4.因为，宝宝已经了解了基本的数字概念，所以，当妈妈拿出数字图片的时候，宝宝就要丢出与数字卡片上的数字相应的球数。

目的：让宝宝通过游戏，练习抓握取拿的动作，促进小肌肉的发展；游戏中的寻找动作，让宝宝建立起认知数、量的概念。

心得：因为宝宝的注意力不是很长久，所以游戏的时候应该在没有杂物的环境下进行，而且，妈妈玩游戏的投入程度，直接影响了宝宝对游戏的兴趣。所以妈妈玩得越投入，宝宝就越容易玩得开心。最好是在轻松、好玩的前提下，不要让宝宝察觉到是在学东西，否则效果会大打折扣。

如何培养3岁宝宝的乐感

引导宝宝发现不同音色和识别高低音

听琴上的音：可以先让宝宝听so、la、mi3个音，渐渐再增加do、er和fa、ci。在听的时候，要引导宝宝积极地去辨认相关的音节，让宝宝来判断哪个音高，哪个音低。当然，这种训练要反复地进行，才能使宝宝在弹弹唱唱中提高自己听辨音高的能力。

听辨乐曲中的音高：还要引导宝宝对乐曲中的音高进行分辨。例如了解长笛的高音旋律和大提琴的低沉旋律，就可以启发宝宝对以上两种声音进行辨认，哪个声音高，哪个声音低，高音像什么，低音像什么。如此一来宝宝就会积极地思维，努力探究音的高低，而且还能进一步识别，想象高低音分别代表着小鸟飞和河马走。经常进行这种诱导性的启发会促进宝宝听辨力的提高，并丰富宝宝的想象力。

让宝宝体验音乐节奏

多听儿歌：儿歌一般对押韵和节奏的要求较为严格，在诵读时朗朗上口，便于宝宝进行记忆。比如："小白兔，白又白，两只耳朵竖起来。"家长不妨在平时的生活中多为宝宝挑选简单的儿歌，进行诵读训练，以强化宝宝对节奏的敏感性。

多听自然之音：生活才是宝宝学习的最佳课堂。让宝宝学习做一个生活中的有心人，多聆听自然之声，比如，哗哗哗的雨声、嘀嘀嘀的汽笛声、轰隆隆的雷声……这些声音都蕴涵着很多未经雕琢的原始韵律。让宝宝的小耳朵敏感起来，学会在嘈杂的世界里寻找美妙的声音。

培养宝宝对乐曲和歌曲的理解

宝宝年龄还很小，对复杂一些的情感还不能完全理解，但宝宝能从音乐中感受到诸如欢快的情绪，安静的气氛等。当宝宝听到这样的音乐或学唱了这样的歌曲的时候，都可以自然流露出真情实感。教宝宝学唱明快、和谐、简洁并且有一定教育意义的歌，对宝宝理解音乐里所包含的情绪有很大的帮助。

拍手走走（适合24～30个月的宝宝）

准备：录音机、儿童音乐磁带。

玩法：家长先播放一段音乐，然后家长跟着音乐的节奏打拍子，如果这一动作引起宝宝的兴趣，便会跟着家长一起拍手。家长可以引导宝宝和着美妙的乐声有节奏地走，家长和宝宝边拍手边走。鼓励宝宝单独听音乐，然后一边拍手一边走。

目的：在音乐中培养宝宝的节奏感。

心得：在音乐的选择上，家长要注意为宝宝选择那些节奏明快欢乐的儿童音乐，这样更能引起宝宝的兴趣。平时经常给宝宝听儿童乐曲，训练宝宝听觉和对音乐的兴趣。

碰碰歌（适合30～36个月的宝宝）

准备：音乐磁带、电子琴、纸箱若干。

玩法：将宝宝们围成内外双圆，妈妈唱歌曲引导宝宝玩游戏。内圆听到音乐时向逆时针方向旋转，外圆向顺时针方向旋转，然后宝宝们拍手转动，喊“一、二、三”的时候，依据歌词的变化内外圈的小朋友互相碰一碰。当音乐结束的时候，妈妈报数，宝宝们听到数字后伸出手指。回答正确的宝宝获胜。

目的：让宝宝在音乐中体会合作的乐趣。

心得：妈妈提问歌词内容帮助宝宝熟悉乐曲，妈妈要注意观察宝宝的不同表现，让宝宝说一说自己是怎样碰的，同时注意鼓励宝宝大胆地表现，让宝宝听音乐做动作。

一起制作乐器（适合30～36个月的宝宝）

准备：木棒、小瓶子、铜片、水杯、筷子等。

玩法：把宝宝带到大自然中去，让宝宝在自然中发现天然乐器，如各种木头、小石块等，这些很容易制作成音乐器材。还有装有豆子的瓶罐、家里的锅碗瓢盆等等，都是可以用来制作音乐的材料，家长可以引导宝宝有节奏地运用这些“乐器”进行演奏。家长还可以鼓励宝宝用想象的方式制作乐器，帮助宝宝发现适合演奏的乐器。如用一些铜片铁块等制成能发出“叮当”声响的乐器；节奏棒、椰子壳、木制品等制成发出“咔哒”声的小乐器等。宝宝独自进行制作，完成以后家长要给予赞美。

目的：培养宝宝对于音乐的热情。

心得：家长还可以依据自己的条件就地取材，制作出其他的小乐器。同时要鼓励宝宝创作出更多、更精美的乐器。对于宝宝创造的任何乐器都要表现出很大的兴趣，哪怕只是一个能发声的简单的东西。

延伸练习：妈妈念童谣

在宝宝睡觉前，妈妈给宝宝念首童谣。

妈妈爱唱歌

妈妈爱唱歌，整天笑呵呵；
亲我小脸蛋，唱支宝贝歌；
和我做游戏，唱支欢乐歌；
陪我去睡觉，唱支摇篮歌。
这支歌，那支歌，
唱得我心里乐呵呵。

我是音乐家（适合30～36个月的宝宝）

准备：乐器图片、介绍乐器的唱片。

玩法：家长先将乐器介绍给宝宝认识，如口琴等。拿一张口琴演奏者正在吹口琴的照片给宝宝看，让宝宝来模仿一下吹口琴的姿势和动作。听口琴独奏的曲子，并请宝宝以刚才的动作配合曲子进行身体的摇摆。按照上面的步骤，再让宝宝模仿钢琴、小提琴的演奏姿势。

目的：使宝宝认识各种乐器。

心得：经过宝宝对图片的学习与认知，使宝宝认识不同的乐器，并训练宝宝听不同乐器发出的声音，了解不同的乐器产生的不同声音或音色。让宝宝辨别乐器时让宝宝指出图片就可以了，不一定要勉强宝宝说出乐器的名称。如果宝宝已经没有耐心，则不要强迫宝宝学习。

培养宝宝合作的意识

2～3岁的宝宝在与人交往的过程中，独立行动的愿望往往会比较明显，常要求“我自己来”，非常喜欢说“不”。较为依恋成人，喜欢与亲近的人有身体接触，如亲亲、抱抱、摸摸等。喜欢被家长赞扬和关注。经常会因为小事而大哭小闹。对同龄的小朋友能够接纳并认同，还能一起进行玩耍，遵守简单的游戏规则，容易发生侵犯性行为，自我中心的状态很明显。家长要帮助宝宝认识到，解决冲突的办法有许多种，要让宝宝懂得友好相处，彼此合作。

1.帮助宝宝认识限制行为的各种规则以及制定的原因。

2.帮助宝宝找到产生冲突的原因，并引导宝宝去设想替代冲突的行为和结果，并和宝宝一起讨论一下分享的重要性与使用暴力解决问题的危害。

3.让宝宝理解合作的好处，让宝宝体会一个人完成任务和两个人或者几个人一起完成某项任务的有效性。

4.鼓励宝宝积极地帮助别人，并享受在这个过程中别人给予宝宝的服务。

5.为宝宝提供一个关心、分享和强调合作的学习、生活环境，同时也要让宝宝有玩“摔跤”游戏的机会。因为这样不仅可以使宝宝了解自己的力量，同时也使宝宝体会合作的优势。

6.当宝宝发生冲突的时候，最好让宝宝依靠自己的力量来解决，不到必要的时候家长最好不要出手相助。当你发现宝宝怏怏不乐，孤立无援时，千万不能让宝宝采取放任自流的方式，但是也不能提供太多的帮助。

家长要尽量多地采取游戏的形式培养宝宝的探索、发现精神，并锻炼宝宝与他人主动交往的能力。毕竟游戏是宝宝生活中最基本的活动，宝宝的学习和游戏有着密切的联系，并可以在游戏中获得自身的发展和满足。

神秘的图形（适合24～36个月的宝宝）

准备：盐水或者糖水、打火机、剪刀、毛笔等。

玩法：宝宝拿着毛笔蘸些盐水在纸上随意地画一个图形的外形，请家长将图形里面涂满。宝宝和家长一起来说一说宝宝所画的图形的名称，再数一下每个图形的个数。把画满图形的纸在阳光下晾干，晾干以后在让宝宝看一下图画，讲一下纸有什么变化。家长和宝宝用打火机在纸的下面烤一下，让宝宝看一下有什么变化。

目的：在游戏中培养宝宝的合作精神。

过家家（适合30～36个月的宝宝）

准备：瓶盖、纸盒、小锅、小碗、玩具娃娃等。

玩法：家长可以邀请一些宝宝熟悉的小朋友到家里来，和宝宝一起做游戏。家长可以为宝宝准备一些可以做餐具的小锅小碗和一些小盒盖瓶盖之类，这样一来他们就能玩起来了。只要有一定的物质条件宝宝们就可以能模仿就有能玩“过家家”。不同年龄阶段的宝宝在一起游戏，大的当爸爸妈妈，小的当宝宝。大的可以出主意变换游戏的花样，一会儿叫小的去蔬菜或买水果，一会儿把娃娃、大象、狗熊请来当客人等等。

目的：展开合作性游戏，为孩子合群打基础。

心得：在玩过家家的时候，家长至少要保证宝宝一个熟悉的朋友。在进行游戏的时候，宝宝们不仅学会了帮助与关心他人，也享受到了群体中的快乐，使过家家游戏成为孩子们都欢迎的游戏。

铺路（适合30～36个月的宝宝）

准备：玩具小猫、小狗各一个，长方形、椭圆形、圆形、三角形、梯形、正方形彩色积木，玩具房子两个，彩色、剪刀两把。

玩法：家长用小故事引入游戏，讲一个小狗和小猫铺路的故事。家长和宝宝一起画图形，画好之后在图形上涂上漂亮的颜色，并用剪刀剪下图形。父母引导宝宝按一定的规则用各种图形为小猫、小狗铺路。并让宝宝告诉小狗和小猫漂亮的路上都有什么图形、什么颜色，有几个等等。

目的：通过游戏锻炼宝宝集体合作的意识。

心得：这个游戏不仅巩固了宝宝对图形的认识，更重要的是在进行游戏的过程中充分发挥了宝宝的合作精神。当路铺好的时候，可以让宝宝拿着玩具小狗、小猫在路上游戏、跳舞。

送给爸爸的礼物（适合30～36个月的宝宝）

准备：细绳子数根、三种不同颜色或形状的木珠若干、小筐一只。

玩法：妈妈说："爸爸的生日快到了，我们做串项链给爸爸吧。"妈妈请宝宝把小筐里的木珠一颗一颗串在绳子上。然后妈妈把绳子打个结，请宝宝把项链挂在爸爸的脖子上，宝宝高兴地亲亲宝宝。

目的：促进亲子间的关系。

心得：宝宝学会串木珠以后，可以让宝宝用两种颜色或两种形状的木珠间隔串，如果宝宝有兴趣的话也可用三种颜色或三种形状的木珠间隔串。

由小见大（适合30～36个月的宝宝）

准备：旧杂志、大信封、卡片纸、剪刀、胶水或糨糊。

玩法：找一本旧杂志，陪宝宝仔细看看里面的图片如汽车、动物、人等。然后把这些图片剪下来，分别贴在一张张卡片纸上，再把这些图片统统装进大信封里，进行下面的活动。抽出其中的一张纸片，让宝宝只能看到底下的一部分，然后问他："你看到了什么？两个轮子？那是什么？一只狗吗？再猜猜看。"

目的：培养宝宝的思维能力以及观察能力。

心得：如果宝宝看不出来，你可以把纸片再多拉出来一些，给他较多的线索，直到他猜出来为止，然后再换另一张图片。

照顾妈妈（适合24～36个月的宝宝）

准备：药丸、水杯、被子。

玩法：妈妈躺在床上假装生病，这时候宝宝上前来问："妈妈，怎么了，是不是不舒服？"妈妈来进行回答。宝宝接着问妈妈："那我能帮你吗？"这时候妈妈告诉宝宝要吃药，于是宝宝端来了白开水和药片。妈妈吃下药后，宝宝接着问妈妈："感觉怎么样了？"。妈妈告诉宝宝觉得很冷，宝宝就拿来被子盖在妈妈身上。妈妈对宝宝表示感谢。

目的：让宝宝懂得照顾别人、懂得提问和倾听。

心得：本游戏中，宝宝精心地对妈妈进行照顾，向妈妈表达了自己浓浓的爱意和关心，这不仅使宝宝养成了关心他人的好习惯，还在游戏中锻炼了礼貌用语的使用。